대학
기초
수학

대학기초수학

지은이 김동률 · 신승수 · 허정필
펴낸이 조경희
펴낸곳 경문사
펴낸날 2018년 3월 2일 1판 1쇄
등 록 1979년 11월 9일 제313–1979–23호
주 소 04057, 서울특별시 마포구 와우산로 174
전 화 (02)332–2004 팩스 (02)336–5193
이메일 kyungmoon@kyungmoon.com
facebook facebook.com/kyungmoonsa

값 20,000원

ISBN 979–11–6073–029–6

★ 경문사 홈페이지에 오시면 즐거운 일이 생깁니다.
http://www.kyungmoon.com

한국과학기술출판협회 회원사

대학 기초 수학

김동률
신승수
허정필
지음

KM 경문사

머리말

급변하는 정보화 시대에 살고 있는 우리에게 정보, 통신과 더불어 수학, 과학의 중요성은 점점 커져 가고 있다. 특히 이공계열의 기초가 되는 수학은 위계성이 높은 학문으로 단계적인 이해와 체계적인 학습이 이루어지지 않으면 금방 흥미를 잃고 포기하기 쉬운 과목이다. 또 학생들의 수학에 대한 사전지식의 정도에 편차가 커서 다양한 학생들로 함께 수업을 진행하기에 어려움이 많다. 따라서 지금까지의 단순 강의 위주의 교수법과 교재와는 다른 학생들에게 흥미를 유발하고 사전지식의 차이를 극복할 수 있는 새로운 교수법 개발 및 교재개발이 필요하다.

이에 본 교재는 학생들이 수학에 흥미를 가지고 학습자중심의 자기 주도적 학습을 할 수 있는 구성주의적 교육공학 이론에 기초하여 설계되었으며 특히 최근 강조되고 있는 STEAM과 융합수학교육으로 미적체험을 통한 수학학습과 스토리텔링기법 그리고 논리추론 및 다양한 생활 속의 수학을 접목한 학습과 토론식 수업개발 등이 반영되었다. 이러한 교재의 구성은 많은 학생들에게 딱딱한 수학 수업에 대한 인식의 변화와 흥미도의 변화 그리고 학업성취도 향상에도 큰 효과를 기대할 수 있고 또 최근 많이 연구되어지고 있고 도입되고 있는 교수법인 플립러닝 수업교재로도 적합하다.

플립러닝은 2009년 미국의 콜로라도 지역에서 실험적으로 시작된 온라인을 통한 사전지식학습 후 오프라인에서는 학습자 주도의 토론식으로 진행하는 교수학습 방법으로 학습효과가 기존방식보다 훨씬 높고 무엇보다도 학생들의 학습에 대한 태도를 자기 주도적이고 적극적으로 바꾸어 놓은 혁신적인 교수학습 방식이 알려지면서 전 세계적으로 빠르게 확산되고 있는 수업방식이다. 국내에서는 2012년 카이스트에서 처음 도입을 시작으로 2014년에는 서울대학교 수학과에서 적극 도입하여 운영하고 있다.

교재의 단원구성은 총 10개의 단원으로 구성되어 있고 대학 기초수학에 필요한 기초적 연산단원인 수와 식, 인수분해, 방정식, 부등식 4개 단원과 주요개념 학습단원인 함수, 유리·무리함수, 지수함수, 로그함수, 삼각함수 1, 삼각함수 2 이렇게 6개 단원으로 구성하였다. 그리고 각 단원별 미적체험 학습과 토론학습 활동 그리고 논리추론 등을 통해서 이론, 원리학습과 함께 수학적 지식을 잘 이해하고 연습문제를 통해서 확인하여 연습문제는 리포트로 제출할 수 있도록 구성하였다.

본 교재를 통해 많은 학생들이 수학에 흥미를 가지고 교재의 목적에 맞게 자기 주도적 학습으로 다양한 전공에 수학적 지식을 잘 적용할 수 있기를 기대하며 최초로 교육공학에 기반한 수학전공 교재가 나오기까지 아낌없는 조언을 주신 여러 수학전공 교수님들과 교육공학전공 교수님들, 동명대학교 수학교육의 표준화를 위하여 늘 애쓰시며 많은 지원을 해주신 교양교육원 안재훈 팀장님께도 깊은 감사의 뜻을 전한다.

차 례

Lesson 01

식과 연산

Expressions and Arithmetic

학습목표

식과 연산 단원에서는 수식의 기본을 이루는 단항식과 다항식의 정의를 알아보고 다항식의 연산, 즉 다항식의 사칙연산에 대해서 학습한다. 그리고 이러한 다항식을 계산하는데 있어 복잡한 다항식의 곱셈에 대해서는 공식을 사용하는 것이 아주 편한데 자주 쓰거나 유용한 공식들을 모아서 곱셈공식이라는 제목으로 곱셈공식들에 대해서 학습하고 학습한 내용은 문제를 통해서 적용해 본다. 따라서 곱셈공식을 이항시키거나 형태를 변형한 식의 변형 공식도 같이 학습하여 복잡한 다항식의 계산들을 쉽고 빠르게 잘 수행할 수 있는 연산능력을 기르는 것이 학습목표이다.

“수학을 모르는 사람은 자연의 진정한 아름다움을 알 수 없다.
-리처드 파인만 (미국의 물리학자, 노벨 물리학상 수상)”

“우리의 진정한 천직은 시인이다.
단 자유롭게 만들고 나면 나중에 엄밀히 증명해야 한다. 그것이 우리의 숙명이다. -레오폴트 크로네커
(독일의 수학자, 방정식과 고차대수학론 연구에 크게 기여)”

“수학을 우리 감각의 불완전성을 메우기 위해 그리고 짧은 우리의 생명을 보충하기 위해 되살아난 인간정신의 힘이다.
-조제프 푸리에 (프랑스의 수학자)”

학습 포인트

이 단원에서 주로 다루고 있는 다항식의 연산과 곱셈공식, 식의 변형공식은 대학기초수학 교과목을 학습하는데 있어 첫 단계라고 할 수 있는 기본적인 내용이다. 곱셈공식을 통해서 인수분해도 할 수 있고 또 인수분해를 통해서 방정식과 부등식의 계산이 가능할 수 있다. 따라서 학습의 초점을 정확한 다항식의 연산능력을 키우는 것과 다항식 관련 공식들을 암기하여 잘 활용할 수 있도록 하는 것에 두어야 할 것이다.

다항식의 공식을 학습함에 있어서는 단순암기보다는 그러한 곱셈공식이나 식의 변형공식이 나오게 된 과정을 직접 전개하여 보고 비교하거나 또는 몇 개의 공식은 직사각형 그림을 통해서 그 공식의 과정을 유도해 볼 수도 있다.

학습 용어

- **변수** : 다항식 안에서 특별한 역할을 맡는 문자를 변수라고 한다. 예를 들어, x^2+1은 x를 변수로 하며, 따라서 x에 대한 다항식이다.
- **차수** : 다항식의 항에서 특정 변수를 거듭제곱한 지수를 그 항의 그 변수에 대한 차수라고 한다.
- **계수** : 계수란 항 속에서 변수의 거듭제곱에 곱해져 있는 수를 말한다.
- **상수항** : 변수를 포함하지 않는 항을 상수항이라고 한다.

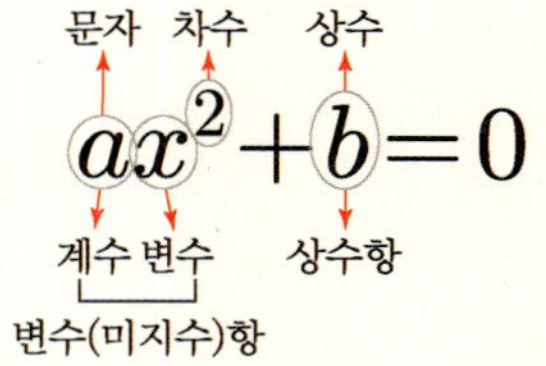

미적 체험을 활용한 스토리텔링 수학

고흐의 해바라기가 있는 정물 (뮐러 미술관)

예술적 호기심

1. 그림 속 해바라기들을 보고 느낀 감정은?
2. 이 그림은 몇 가지 노란색을 썼을까?
3. 이 그림의 재료는 무엇을 썼을까?
4. 이 그림의 구도에 대해서 이야기해보자.
5. 빛의 방향에 대해서 이야기해보자.

수학적 호기심

6. 이 그림에서 나선 모양을 찾아보자.
7. 왼쪽 끝 해바라기의 잎의 수를 세어보자.
8. 왼쪽 끝 해바라기의 줄기를 세어보자.
9. 어떤 규칙을 가지고 있는가?
10. 피보나치수열을 갖는 다른 예들을 찾아보자.

논리추론 문제 사라진 만 원을 찾아라!

상황

친구 3명이 여행을 갔다. 재미있게 하루를 보내고 나서 밤이 되어 잘 곳을 찾다가 호텔을 발견하고서 호텔에서 투숙하기로 했다. 호텔로 들어가서 호텔 지배인에게 하룻밤 숙박료를 물으니 호텔 지배인은 "30만 원입니다"라고 대답했다. 그래서 세 친구는 각각 10만 원씩 모아서 호텔 숙박료를 지불하고 너무 피곤한 나머지 방에 들어가서 깊은 잠에 빠졌다.

전개

다음날 아침 호텔 사장이 호텔로 출근을 하자 지배인은 사장에게 "사장님 어젯밤 늦게 3명의 손님이 와서 30만 원에 방을 드렸습니다"라고 말했고, 그 말을 들은 호텔 사장은 화를 내면서 지배인에게 "그 방은 25만 원 방인데 30만 원을 받으면 어떻게 해!"라고 말했다. 그러면서 "빨리 가서 5만 원을 돌려주고 오도록 해!"라고 명령했다. 지배인은 얼른 5만 원을 돌려주기 위하여 어제 온 3명의 손님에게 갔다.

사건

그런데 지배인은 잠깐 엉뚱한 생각을 했다. '5만 원을 돌려주면 3명이 나누기도 힘들 거야. 어떻게 하지? 음... 그래 셋이서 나누기 쉽게 3만 원만 돌려주고 2만 원은 내가 가져야겠어.' 이렇게 생각한 지배인은 손님에게 가서 3만 원만 돌려주었고 그런 사정을 모르는 세 친구는 기분 좋게 받은 3만 원을 만 원씩 다시 나누어 가져갔다.

문제

자, 여기서 문제. 지금 상황을 잘 계산해보면 세 친구가 10만 원씩 냈다가 만 원씩 돌려받았으니 한 사람당 9만 원씩 낸 셈이므로 9 곱하기 3 해서 27만 원이 된다. 여기에 지배인이 가져간 돈 2만 원을 합하면 27 더하기 2 해서 29만 원이 된다. 과연 만 원은 어디로 사라진 것일까?

생활 속 기사나 영화 평론 속에서도 수식이라는 수학 용어가 많이 쓰인다. 다음은 그 예이다.

"비만도 계산기, 간단한 수식으로 정확하게 알 수 있어 관심↑"

비만도 계산기가 공개됐다. 최근 국민건강보험공단에 따르면 초고도 비만율은 지난 2002년 0.2%에서 2013년 0.5%로 상승해 11년간 2.9배의 증가를 보였다. 초고도비만율 증가 현상은 20~30대에서 가장 두드러지게 나타났다. 여성의 경우 2002년 대비 2013년에 6.3배 증가했고, 남성은 4.8배 증가했다. 비만도 계산기는 기본적으로 체질량 지수인 BMI(Body Mass Index) 계산법을 따른다. BMI 계산법은 BMI 지수=몸무게(kg)÷(신장(m)×신장(m))의 공식으로 계산된다. 특히 간단한 수식에도 신뢰도가 높다는 평가를 받고 있다. 이 계산으로 나온 BMI 지수가 18.5 이하면 저체중, 18.5~23은 정상, 23~25는 과체중, 25~30은 비만, 30~35는 고도비만, 35 이상은 초고도비만으로 분류된다. -MBN-

[영화 리뷰] 호킹이 풀어낸 첫사랑의 수식 [사랑에 대한 모든 것]

물리학자 호킹 · 첫 부인 제인 회고록 바탕 둔 사랑 이야기… 병세 진행되는 연기 놀라워

그의 꿈은 "우주와 시간에 시작이 있었다는 걸 단 하나의 단순하고 우아한 수식(數式)으로 증명해 보이는 것"이었다. 가장 위대한 현대 물리학자로 손꼽히는 스티븐 호킹(72)이다. 젊은 호킹(에디 레디메인)은 케임브리지 대학 5월 무도회(May Ball)에서 별처럼 반짝이는 눈을 가진 제인(펠리시티 존스)을 만난다. 학문적 성취와 꿈같은 사랑이 모두 손안에 들어온 것 같던 때, 루게릭병이 그를 덮쳤다. "무슨 일이 닥칠지 모르는구나. 오직 절망과 좌절만 있을 거야. 싸울 수 있는 상대가 아니야." 2년 시한부 선고를 받은 아들과의 결혼을 말리는 호킹의 아버지에게 제인은 말한다. "제가 그리 강해 보이지 않는다는 거 알아요. 하지만 싸울 거예요. 둘이 함께요." -조선.com-

위의 기사들처럼 여러 가지 상황에서 방법이나 설명을 말보다는 수식으로 표현할 때가 더 명료하고 쉽게 이해가 될 때가 많다.

다항식

1 다항식의 정의

(1) 다항식

수 또는 문자의 곱만으로 이루어진 식은 **단항식**이라 하고, 단항식이나 단항식의 합으로 이루어진 식을 **다항식**이라고 한다.

예 단항식의 예 : $2x$, $3x^2$, $-3xy$, 3

다항식의 예 : $2x^3$, $4x+7y$, $x^2-3xy+2y^2$

(2) 내림차순, 오름차순

- **내림차순** : 차수가 높은 항부터 낮은 순서대로 배열하는 방식

예 x에 대해서 내림차순으로 정리한 예 : x^3+3x^2-6x+7

- **오름차순** : 차수가 낮은 항부터 높은 순서대로 배열하는 방식

예 y에 대해서 오름차순으로 정리한 예 : $4+2y-3y^2+8y^3$

2 다항식의 연산

(1) 다항식의 연산법칙

다항식 전체의 집합은 덧셈, 뺄셈, 곱셈에 대해서 다음의 연산법칙이 성립한다. (A, B, C 는 단항식 또는 다항식)

1) **교환법칙** : $A+B=B+A$, $AB=BA$

2) **결합법칙** : $(A+B)+C=A+(B+C)$, $(AB)C=A(BC)$

3) **분배법칙** : $A(B+C)=AB+AC$

(2) 다항식의 덧셈, 뺄셈

두 개 이상의 단항식 중에서 계수는 달라도 문자와 차수가 모두 같은 항을 **동류항**이라고 한다.

예 동류항의 예 : $3x$와 $9x$, $6xy$와 $-2xy$

동류항이 아닌 예 : $4x$와 $7y$, $3x^2$과 $6x$

다항식의 덧셈, 뺄셈은 동류항끼리 계산한다.

개념문제

1 다항식

$x^3+2xy^2-9y-2x^2y+8x+7$

을 x에 대한 내림차순으로 정리하여라.

2 다음 식을 간단히 하여라.

(1) $x^2+2xy+y^2-3xy$

(2) $3x^2+4x-6y^2+5y$

3 두 다항식

$A=7x^3+3x-2$

$B=-4x^3+5x^2-5x+11$

에 대하여 $2A+B$를 간단히 하여라.

해답

1 $x^3-2x^2y+2(y^2+4)x-9y+7$

2 (1) x^2-xy+y^2

(2) $3x^2+4x-6y^2+5y$

3 $10x^3+5x^2+x+7$

(3) 다항식의 곱셈

1) (단항식) × (다항식)인 경우

m이 단항식, $a+b$가 다항식일 때, 분배법칙을 이용한다.

$$m(a+b) = \underset{①}{ma} + \underset{②}{mb}$$

2) (다항식)×(다항식)인 경우

a, b, c, d가 단항식일 때, 분배법칙을 이용한다.

$$(a+b)\times(c+d) = \underset{①}{ac} + \underset{②}{ad} + \underset{③}{bc} + \underset{④}{bd}$$

3 곱셈공식

(1) $m(a+b) = ma+mb$

(2) $(a+b)^2 = a^2+2ab+b^2$

▸ $(a+b)(a+b) = a^2+ab+ba+b^2 = a^2+2ab+b^2$

(3) $(a-b)^2 = a^2-2ab+b^2$

▸ $(a-b)(a-b) = a^2-ab-ba-b^2 = a^2-2ab+b^2$

(4) $(a-b)(a+b) = a^2-b^2$

▸ $(a-b)(a+b) = a^2+ab-ba-b^2 = a^2-b^2$

(5) $(x+a)(x+b) = x^2+(a+b)x+ab$

▸ $(x+a)(x+b) = x^2+ax+bx+ab = x^2+(a+b)x+ab$

(6) $(x-a)(x-b) = x^2-(a+b)x+ab$

▸ $(x-a)(x-b) = x^2-ax-bx+ab = x^2-(a+b)x+ab$

개념문제

※ 다음 식을 간단히 하여라.

4 $x^2(x^2+3x+2)$

5 $5a^2b\times 2ab^3$

6 $(3a+b)(a+2b)$

7 $(2x-5y)^2$

8 $(x+3y)(x-3y)$

해답

4 $x^4+3x^3+2x^2$ 5 $10a^3b^4$
6 $3a^2+7ab+2b^2$
7 $4x^2-20xy+25y^2$ 8 x^2-9y^2

(7) $(ax+b)(cx+d) = acx^2+(ad+bc)x+bd$

▸ $(ax+b)(cx+d) = acx^2+adx+bcx+bd$

$= acx^2+(ad+bc)x+bd$

(8) $(x+a)(x+b)(x+c)$

$= x^3+(a+b+c)x^2+(ab+bc+ca)x+abc$

▸ $(x+a)(x+b)(x+c) = \{x^2+(a+b)x+ab\}(x+c)$

$= x^3+(a+b+c)x^2+(ab+bc+ca)x+abc$

(9) $(a+b)^3 = a^3+3a^2b+3ab^2+b^3$

▸ $(a+b)^3 = (a+b)^2(a+b)$

$= (a^2+2ab+b^2)(a+b)$

$= a^3+3a^2b+3ab^2+b^3$

(10) $(a-b)^3 = a^3-3a^2b+3ab^2-b^3$

(11) $(a+b)(a^2-ab+b^2) = a^3+b^3$

(12) $(a-b)(a^2+ab+b^2) = a^3-b^3$

(13) $(a^2-ab+b^2)(a^2+ab+b^2) = a^4+a^2b^2+b^4$

(14) $(a+b+c)^2 = a^2+b^2+c^2+2ab+2bc+2ca$

(15) $(a+b+c)(a^2+b^2+c^2-ab-bc-ca)$

$= a^3+b^3+c^3-3abc$

화장지의 양

두루마리 화장지는 둥근 원통형인데 화장지는 통의 넓이가 일정하기 때문에 남은 화장지의 부피는 넓이에 비례하게 된다. 우리는 일반적으로 화장지의 반지름이 반쯤 줄었을 때 화장지 양이 반쯤 남았다고 착각을 하게 된다. 실제로 부피로 따져 보면 반지름이 반으로 줄게 되면 남은 양은 4분의 1도 남지 않은 것이다. 비슷한 예로 원뿔 모양의 아이스크림도 높이의 반쯤 먹었을 때는 이미 전체의 8분의 1 정도밖에 남지 않았다는 것을 잘 인지하지 못한다.

개념문제

※ 다음 식을 간단히 하여라.

9 $(5x-1)(2x+3)$

10 $(3x-2y)^3$

11 $(x-y+z)^2$

12 $(9x^2+6xy+4y^2)\times(9x^2-6xy+4y^2)$

해답

9 $10x^2+13x-3$

10 $27x^3-54x^2y+36xy^2-8y^3$

11 $x^2+y^2+z^2-2xy-2yz-2xz$

12 $81x^4+36x^2y^2+16x^4$

4 변형공식

(1) $a^2+b^2=(a+b)^2-2ab$

▸ $(a+b)^2=a^2+2ab+b^2$에서 $2ab$를 이항하면 $a^2+b^2=(a+b)^2-2ab$

(2) $a^2+b^2=(a-b)^2+2ab$

▸ $(a-b)^2=a^2-2ab+b^2$에서 $2ab$를 이항하면 $a^2+b^2=(a-b)^2+2ab$

(3) $(a+b)^2=(a-b)^2+4ab$

▸ $(a-b)^2+4ab$를 간단히 하면 $a^2-2ab+b^2+4ab=a^2+2ab+b^2=(a+b)^2$

(4) $a^3+b^3=(a+b)^3-3ab(a+b)$

▸ $(a+b)^3=a^3+3a^2b+3ab^2+b^3$에서 $3a^2b+3ab^2$을 이항하면 $a^3+b^3=(a+b)^3-3a^2b-3ab^2=(a+b)^3-3ab(a+b)$

(5) $a^3-b^3=(a-b)^3+3ab(a-b)$

(6) $\left(x+\frac{1}{x}\right)^2=\left(x-\frac{1}{x}\right)^2+4$

(7) $x^2+\frac{1}{x^2}=\left(x+\frac{1}{x}\right)^2-2$

(8) $x^2+\frac{1}{x^2}=\left(x-\frac{1}{x}\right)^2+2$

(9) $x^3+\frac{1}{x^3}=\left(x+\frac{1}{x}\right)^3-3\left(x+\frac{1}{x}\right)$

(10) $x^3-\frac{1}{x^3}=\left(x-\frac{1}{x}\right)^3+3\left(x-\frac{1}{x}\right)$

(11) $a^2+b^2+c^2=(a+b+c)^2-2(ab+bc+ca)$

(12) $a^3+b^3+c^3$

$=(a+b+c)(a^2+b^2+c^2-ab-bc-ca)+3abc$

(13) $x^2+b^2+c^2-ab-bc-ca$

$=\frac{1}{2}\{(a-b)^2+(b-c)^2+(c-a)^2\}$

개념문제

13 $a+b=3$, $ab=1$일 때, a^2+b^2의 값을 구하여라.

14 $a+b=4$, $ab=-3$일 때, a^3+b^3의 값을 구하여라.

15 $x+\frac{1}{x}=2$일 때, $x^2+\frac{1}{x^2}$의 값을 구하여라.

16 $a^2+b^2+c^2=ab+bc+ca$이고 $abc=4$일 때, $a^3+b^3+c^3$의 값을 구하여라.

해답	
13 7	14 100
15 2	16 12

수학 토론 및 팀 활동

① 주민등록번호 뒷자리의 비밀!

대한민국 사람이라면 모두 13자리의 숫자로 이루어진 주민등록번호를 가지고 있다. 앞의 6자리는 생년월일을 나타내지만, 뒤의 7자리의 의미는 무엇인지 알고 있는가? 7자리 중 맨 앞의 숫자가 성별을 나타낸다는 것 이외에는 사실 잘 알려진 바가 없다. 그래서 주민등록번호 뒷자리 의미가 무엇인지 한번 파헤쳐보는 시간을 가져보도록 하자.

A 맨 앞자리의 숫자는 모두가 알다시피 성별을 나타낸다.

분명 우리 세대 때만 해도 1은 남자, 2는 여자라는 사실은 불변의 진리일 줄 알았는데 이제는 3이 남자, 4가 여자라는 사실 알고 있는가?

또 그 전에는 남자는 9, 여자는 0이었다는 더 놀라운 사실!

출생년도	남자	여자
1800~1899년생	9	0
1900~1999년생	1	2
2000~2099년생	3	4

B 주민등록번호 뒷자리 의미 그 두 번째는 2, 3, 4, 5번째 번호의 비밀이다.

2번째부터 5번째 숫자가 의미하는 것은 바로 그 사람이 출생한 지역에 대한 조합번호인데 2번째와 3번째 숫자의 조합으로 어느 지역에서 출생했는지를 알 수 있다고 한다. 자신의 주민등록번호 뒷자리 2, 3번째 숫자를 찾아서 자신의 출생지역이 어디인지 확인해보자. 당연히 자신이 태어난 곳이 아니라 출생신고를 한 지역이 표기되어 있다.

숫자	지역	숫자	지역
00~08	서울	09~12	부산
13~15	인천	16~18	경기 주요 도시
19~25	경기 비 주요 도시	26~34	강원도
35~39	충청북도	40~47	충청남도
48~54	전라북도	55~66	전라남도
67~90	경상도		

C 4번째와 5번째 숫자는 출생신고를 한 동, 읍, 면사무소의 고유번호를 담아서 조합한 거라고 한다. 만약 이 부분까지 정확하게 알 수 있다면 정말 주민등록번호만 알아도 태어난 곳에 대한 정보를 알 수 있을 것이다.

D 주민등록번호 뒷자리 의미 그 세 번째는 바로 6번째 숫자의 비밀이다. 이것은 바로 같은 지역에서 출생한 사람들 중 같은 성을 가진 사람들의 순서라고 한다. 아마 성씨가 특이할수록 6번째 숫자가 1일 확률이 높을 것 같다.

② 주민등록번호의 끝자리 수를 수식으로 찾아보자!

주민등록번호 뒷자리 의미 그 마지막은 7번째 숫자의 비밀이다. 마지막 숫자는 위, 변조를 방지하기 위한 숫자로서 6번째 숫자까지의 수식 계산에서 제대로 된 값이 나와야 7번째 숫자가 발급된다. 앞자리는 6자리지만 뒷자리가 7자리인 이유는 바로 이 오류 검증 숫자의 비밀이 숨어 있다!

마지막 오류 검증 숫자를 구하는 방법은 생년월일을 포함하여 방금 뒷자리의 6번째까지의 숫자는 모두 12개이다. 이 12개의 숫자에 순서대로 2, 3, 4, 5, 6, 7, 8, 9, 2, 3, 4, 5를 곱한 후 모두 더한다. 그 더한 수를 11로 나누어서 나온 나머지를 11에서 뺀다. 그 숫자가 바로 뒷자리의 7번째 숫자이다.

활동 1 각자 자기의 주민등록번호를 가지고 마지막 번호가 나오는지 계산하여 확인해보자.

활동 2 팀별로 이 계산법에 맞는 번호와 맞지 않는 번호를 구분하여 여러 가지 생성해보자.

활동 3 생성된 번호들을 가지고 옳은 번호인지 계산이 잘못된 위조 번호인지 팀별로 빨리 가려내는 활동을 해보자.

활동 4 이러한 수식을 적용한 규칙을 팀별로 하나씩 만들고 발표해보자.

위대한
수학자

피타고라스

그리스의 종교가 · 철학자 · 수학자. 피타고라스는 만물의 근원을 '수(數)'로 보았으며, 수학에 기여한 공적이 매우 커 플라톤, 유클리드를 거쳐 근대에까지 영향을 미쳤다. 오늘날 피타고라스 정리의 증명법은 유클리드에 유래한 것이며, 그의 증명법은 알려져 있지 않다.

피타고라스는 에게 해(海) 사모스 섬에서 태어났다. 아버지 므네사르코스(Mnesarchos)는 이집트, 그리스, 이탈리아, 에게 해 등지를 돌아다니며 장사를 하는 상인이었으며 아들이 최고의 교육을 받을 수 있도록 배려하였다. 어려서부터 리라 연주와 그림, 운동을 배울 수 있도록 하였고 긴 여정의 장사 길에 함께 데려가기도 하였다. 이후 피타고라스의 스승이었던 탈레스(Thales)의 주선으로 이집트로 유학을 떠나 23년간 수학하였으며, 페르시아의 침략으로 이집트가 함락되고 포로가 되어 바빌론으로 이송되어 12년을 보냈다. 이집트 문명과 메소포타미아 문명을 접한 피타고라스는 56세에 고향으로 돌아와 남이탈리아의 그리스 식민지 크로톤 섬에 학술 연구 단체이면서 수도원 성격을 띤 최초의 철학공동체를 결성하였다. 피타고라스 공동체는 영혼의 윤회사상을 가르치며 육식을 금하는 채식주의를 따랐고 백색의 옷과 담요를 사용하였다. 그 후 메타폰티온으로 이주하여 그곳에서 생애를 마쳤다. 피타고라스 공동체는 온화와 겸손, 과묵을 덕목으로 추구하였으며, 신들과 양친, 친구, 계율에 대하여 절대적 신실(信實)과 자제, 복종을 설파하였다.

피타고라스는 자신의 사상을 기록하는 것을 금지하였으며 저서를 남기지도 않았기 때문에 그의 업적이 그 자신의 것인지 또는 초기 제자들의 것인지의 구별은 이미 아리스토텔레스 시대에 확인할 수 없게 되었다. 오늘날에는 제자인 필로라오스와 기타 학자들의 저술의 단편에 의하여 당시 피타고라스와 그 일파의 업적이 알려져 있다. 피타고라스는 만물의 근원을 '수(數)'로 보았다. 그 수는 자연수를 말하는 것으로 이들 수와 기하학에서의 점과를 대응시켰다.

예컨대 자연수 계열의 연속항의 임의의 항까지의 합은 삼각형수이고, 마찬가지로 기수 계열의 합은 정사각형수, 우수 계열의 합은 직사각형수라는 방법으로 정의하였다. 또 완전수, 인수의 합, 비례와 평균의 연구, 상가평균, 조화평균 등도 분류하였다. 피타고라스 정리도 그 자신의 업적인지 제자들의 업적인지는 불분명하며 그의 증명법도 오늘날에는 알려져 있지 않다(오늘날 피타고라스 정리의 증명법은 매우 다양하며 가장 대표적인 증명법은 유클리드에 유래한다.)

그런데 이의 정리에서 의외로 곤란한 문제가 발생하였다. 즉 정사각형의 한 변과 그의 대각선과의 관계에 대한 문제이다. 이 경우 대각선의 길이는, 한 변을 1이라 할 때 $\sqrt{2}$가 되어 약분이 불가능한 무리수가 된다. 이것은 자연수만을 수로 생각한 피타고라스와 그의 제자들에 있어서는 극히 난문제였기 때문에 수로부터 제외시켰던 것이다. 또 피타고라스와 그의 제자들은 임의의 삼각형의 내각의 합이 2직각(180°)과 같음을 발견하고 이를 증명하였다.

또한 '플라톤의 다면체(多面體)'로 불리는 정사면체, 정육면체, 정팔면체, 정십이면체, 정이십면체를 알고 있었다고 한다. 정십이면체는 정오각형의 작도를 필요로 하지만 한 선분을 중외비(中外比)로 끊는 문제로 환원시켜 이 작도에 성공하였다. 그리하여 피타고라스는 이 정오각형에서 생기는 성형오각형(星形五角形)을 그의 교단의 휘장(徽章)으로 채택하였다고 한다. 피타고라스가 수학에 기여한 공적은 매우 크며, 그의 영향은 플라톤, 유클리드를 거쳐 근대에까지 미치고 있다.

–네이버 지식백과, 두산백과–

연습문제

Lesson 01

수와 식

학 과	
학 번	
이 름	
제출일	

01 두 다항식

$$A = 2x^3 + 4x - 5,$$

$$B = -4x^3 + 2x^2 - 3x + 4$$

에 대하여 $3A - B$를 간단히 하여라.

02 세 다항식

$$A = x^3 + 3x^2 + 5$$

$$B = 2x^3 + 4x^2 - 2x + 1$$

$$C = -x^3 - 2x + 1$$

에 대하여 $2A - \{A + 5(B - C) + C\}$를 간단히 하여라.

03 세 다항식

$$A = x^2 + 2x^2y - 3xy^2$$

$$B = 3x^2y + 5xy^2 - y^3$$

$$C = 2x^2 - 2y^3 + x^2y$$

에 대하여

$$A - \{3B - C - 4(A - B + C)\} + B + C$$

를 간단히 했을 때, x^2y의 계수를 구하여라.

04 다항식

$$(x-2)(x-3)(x+5)(x+6)$$

의 전개식에서 x^2의 계수를 구하여라.

05 다항식

$$(1+4x-2x^2+3x^3)^2$$

의 전개식에서 x^5의 계수를 구하여라.

06 다항식

$(a-b+c)(a-b+c)$를 간단히 하여라.

07 다항식

$$(2+1)(2^2+1)(2^4+1)(2^8+1)=2^a-1$$

을 만족하는 자연수 a의 값을 구하여라.

08 다항식

$$(x-y)(x+y)(x^2+y^2)(x^4+y^4)$$

을 간단히 하여라.

09 $a+b=6,\ ab=2$일 때, a^2+b^2의 값을 구하여라.

10 $x-\dfrac{1}{x}=8$일 때, $x^2+\dfrac{1}{x^2}$의 값을 구하여라.

11 $a-b=3,\ ab=2$일 때, a^3-b^3의 값을 구하여라.

12 $x+\dfrac{1}{x}=8$일 때, $x^3+\dfrac{1}{x^3}$의 값을 구하여라.

13 $a-b=-4$, $ab=-2$일 때, $(a+b)^2$의 값을 구하여라.

15 $a^2+b^2+c^2=ab+bc+ca$이고 $abc=1$일 때, $a^3+b^3+c^3$의 값을 구하여라.

14 $a+b+c=6$, $ab+bc+ca=3$일 때, $a^2+b^2+c^2$의 값을 구하여라.

16 $x+y=3$, $xy=1$일 때, x^5+y^5의 값을 구하여라.

17 $x=2+\sqrt{3}$, $y=2-\sqrt{3}$ 일 때, $x+y+x^2+y^2$의 값을 구하여라.

18 $a+b+c=4$, $a^2+b^2+c^2=20$, $abc=-1$ 일 때, $\frac{1}{a^2}+\frac{1}{b^2}+\frac{1}{c^2}$의 값을 구하여라.

19 $97\times103\times10009$를 계산하여라.

20 직육면체의 모든 모서리의 길이의 합이 48이고 겉넓이가 94일 때, 이 직육면체의 대각선의 길이를 구하여라.

성찰일지

학번 : ______________________________

학과 : ______________________________

이름 : ______________________________

Lesson 01

수와 식

성찰일지는 한 단원을 끝내고 나서 이 단원에 대해서 학습하면서 느낀 점이나 인상 깊었던 내용 또는 수학에 대한 생각의 변화 흥미도의 변화 등을 간단하게 2~3문장으로 부담 없이 적으면 됩니다. 이 일지의 내용들은 전체적으로 분석하여 대학기초수학 과목을 더 좋은 방향으로 개선해 나가는 자료로 활용될 예정입니다.

단원 테스트

학번 : ______________________

학과 : ______________________

이름 : ______________________

1. 다음 다항식을 x에 대한 내림차순으로 정리하여라.

$3xy+5y^2-2x^2+x^3-7$

2. 다음 다항식을 간단히 하여라.

$2x(x^2+3x-5)$

3. 다음 다항식을 간단히 하여라.

$(x+2y)(x-2y)$

4. 다음 다항식을 간단히 하여라.

$(x+y-z)^2$

5. $x+y=5$, $xy=3$일 때, x^3+y^3의 값을 구하여라.

위 테스트는 이 교과목을 수강하는 학생들의 단원별 이해도를 측정 분석하여 수업 진행에 참고하기 위한 테스트입니다. 따라서 부담없이 5분 내에 아는 문제만 풀어서 제출하면 되고 이해도가 낮게 나온 학생은 더 열심히 분발하여 중간, 기말시험에서는 학업성취도를 높일 수 있도록 노력합시다.

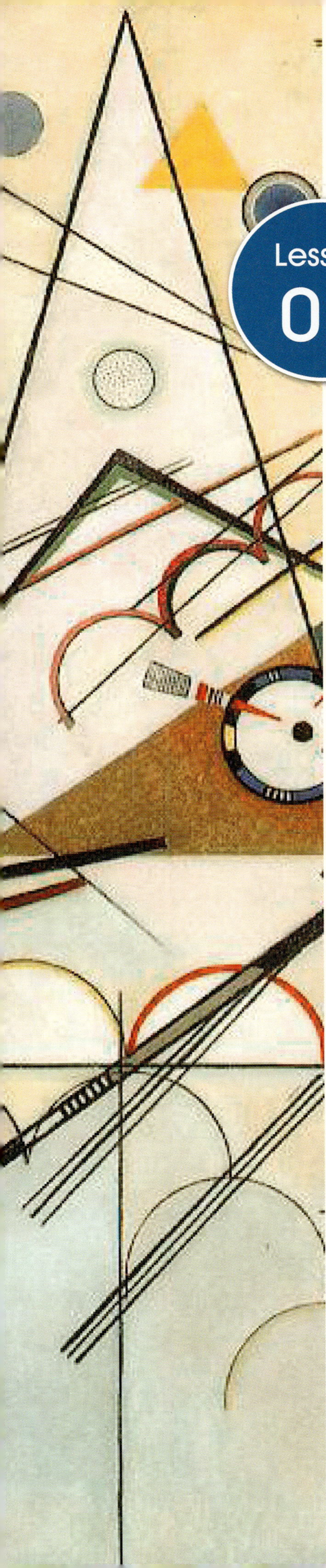

Lesson 02

인수분해

Factorization

학습목표

인수분해 단원에서는 인수분해의 정의를 이해하고 인수분해 기본공식과 인수분해하는 방법을 통해서 주어진 다양한 다항식을 인수분해할 수 있는 능력을 기르는 것이 목표이다. 인수분해하는 방법을 크게 두 가지로 나눌 수 있는데 첫째는 인수분해 공식을 사용하여 인수분해하는 것이다. 완전제곱식, 합차 공식, 완전세제곱 공식 등 자주 나오는 식의 유형에 대해서는 공식을 통하여 쉽게 인수분해할 수 있기 때문에 공식의 원리를 이해하고 숙지하여 해당 유형의 식이 주어졌을 때 정확하게 인수분해할 수 있도록 많은 문제들을 풀어보아야 한다. 그리고 두 번째 방법은 제일 기본이 되는 공통인수로 묶어내는 것이다. 그 외에도 치환해서 인수분해하는 방법, 복 이차식 인수분해 방법, 복잡한 식을 한 문자에 대해서 정리하여 인수분해하는 방법, 인수정리를 이용하는 방법 등 여러 가지 방법을 통해서 인수분해를 할 수 있다.

"만약 수학에 아름다움이 없었다면 아마 이 학문 자체가 탄생하지도 않았을 것이다. 인류최대의 천재를 이 난해한 학문으로 모으는데 필요한 힘이 아름다움 외에 무엇이 있겠는가?

-표트르 일리치 차이코프스키

(낭만주의 시대의 러시아 작곡가)"

"수학은 인간정신의 영광을 위해 존재한다.

-카를 야코비 (독일의 수학자)"

학습 포인트

이 단원에서는 인수분해의 사전적 의미를 이해하는 것이 중요한데 어떤 물질의 특성을 잘 이해하려면 그 물질을 분자로 쪼개어 보고 또 원자로 쪼개어 보면 그 물질의 특성을 잘 알 수 있다. 수학도 마찬가지로 복잡하고 어려운 다항식들도 인수분해로 쪼개어 보면 알 수 있다. 1보다 큰 자연수는 모두 소수들의 곱으로 표현할 수 있다. 이렇게 자연수를 더 이상 나누어지지 않는 소수들의 곱으로 표현하는 것을 소인수분해라고 한다. 자연수뿐만 아니라 몇 개의 식으로 결합되어 있는 다항식도 분해를 할 수 있다. 어떠한 다항식을 여러 개의 다항식의 곱으로 표현하는 것을 인수분해라고 한다. 이렇듯 다항식을 공식이나 방법에 의해서 잘 인수분해할 수 있도록 하는 것이 이 단원의 주요내용이며 인수분해를 통해서 방정식이나 부등식 등을 푸는 데에 도움이 될 수 있고 유리식의 계산이나 다항함수의 그래프를 그리는 데에도 중요하게 활용된다. 따라서 이 단원에서 소개하는 여러 유형의 인수분해 공식이나 방법들을 하나하나 잘 연습하여 활용 능력을 기르도록 하자.

인수분해의 목적

인수분해의 목적은 보통 어떤 원소를 더 기초적이고 간단한 부분으로 잘게 나누는 데 있다. 예를 들어, 정수를 소수들의 곱으로 표현하거나, 다항식을 차수가 더 작은 다항식들의 곱으로 분해해 표현하고자 하는 것이다.

정수의 집합에서는 산술의 기본정리, 다항식의 집합에서는 대수학의 기본정리와 관련이 있다.

이차 이상의 고차 다항식의 근을 구하기 위해 인수분해하기도 하며, 분수식의 분자와 분모에 있는 다항식을 약분하여 더 간단한 분수식으로 만들기 위해 인수분해하기도 한다.

그리고 다항식의 경우, 변수 x에 대하여 x가 근삿값일 때, 근삿값을 참값에 가깝게 계산하기 위함과 방정식 등을 풀기 위해 사용한다. 정수 집합에서는 산술의 기본 정리, 다항식의 집합에서는 대수학의 기본 정리와 관련이 있다.

미적 체험을 활용한 스토리텔링 수학

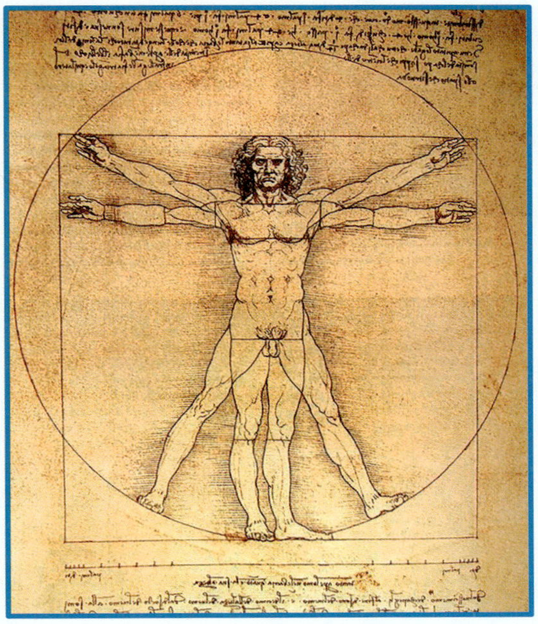

다빈치의 비트루비우스적 인간 (베네치아 아카데미아)

예술적 호기심

1. 비트루비우스는 어떤 인물인가?
2. 한 명을 그린 걸까, 두 명을 그린 걸까?
3. 다빈치는 무엇을 보고 그린 걸까?
4. 이 그림은 완성인가 미완성인가?
5. 이 그림의 특징에 대하여 느낀 점을 이야기해보자.

수학적 호기심

6. 이 그림에서 최초의 줄자가 있다고 한다. 찾아보자.
7. 원과 사각형이 만나 몇 개의 구역으로 나뉘는가?
8. 원과 사각형이 만나 생기는 영역 중 면적이 제일 큰 곳은?
9. 다빈치는 어떻게 이렇게 정확한 원을 그렸을까?
10. 원의 중심을 찾아보자.

논리추론 문제

우리 마을에 미친개는 몇 마리일까?

상황

옛날에 주민 모두가 개를 한 마리씩 키우고 있는 마을이 있었다. 그 마을 사람들은 논리적으로 아주 뛰어난 사람들이었다. 또 그 마을 사람들은 매일 아침 빠짐없이 마을 회관에 모두 모여 마을의 문제점이나 중요한 결정들을 하였다. 어느 날 그 마을의 족장은 마을에 미친개(들)이 있다는 것을 우연히 알게 되었다. 그래서 내일 첫 회의부터 모두 하루에 한 번씩 모여 미친개를 찾아내어 제거하자고 마을 사람들에게 제의하였다.

규칙

매일 이루어지는 마을 회관의 회의에서의 규칙은 다음과 같다.

1. 매일 아침 모든 마을 사람들은 자기 개를 데리고 회관에 모인다.
2. 모든 마을 사람들은 자신의 개가 미쳤는지는 절대 알 수 없지만 다른 사람의 개는 미쳤는지 보면 알 수 있다.
3. 다른 사람의 개가 미쳤다는 것을 알게 되어도 그 사람에게 그것을 말해줄 수는 없다.
4. 미친개는 그 개의 주인만 죽일 수 있다.
5. 만일 자기 개가 미쳤다는 것을 알면 그 주인은 그날 회의 후 오후에 자기 개를 제거한다.

문제

자, 여기서 문제. 회의가 시작된 첫날부터 5일째 되는 날에 그 마을의 미친개가 다 제거되었다고 한다. 과연 그 마을에 미친개는 모두 몇 마리가 있었던 것일까?

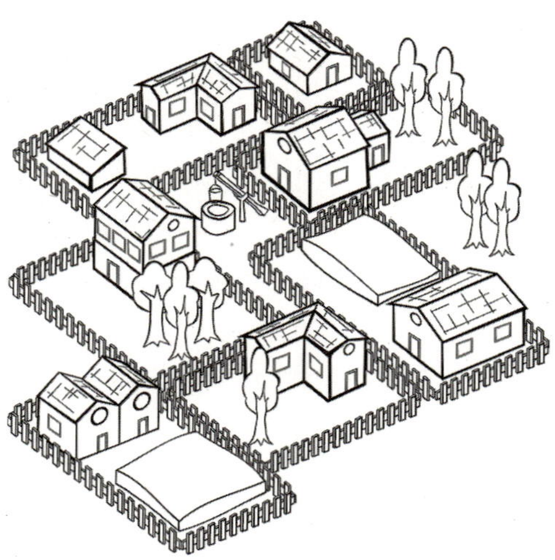

스포츠 기사에서 인수분해라는 수학 용어를 자주 볼 수 있다. 다음은 그 예이다.

호날두 17호골, 프리메라리가 79년 만의 신기록… 챔피언스리그 개인 통산 최다 골도 눈앞

호날두(29 · 레알 마드리드)가 리그 17호골을 기록하면서 프리메라리가 기록을 경신했다.
호날두는 지난 2일(한국시간) 스페인 그라나다의 누에보 로스 카르메네스에서 열린 2014~2015 스페인 프리메라리가 10라운드 레알 마드리드와 그라나다와 경기에서 시즌 17호골을 터트렸다. 호날두의 이날 골에 힘입어 레알 마드리드는 그라나다를 4-0으로 제압했다. 10경기 만에 터트린 호날두의 이날 17호골은 프리메라리가 초반 10경기 동안의 최다 골로 79년 만의 새로운 기록이다. 스페인의 전설적인 공격수 이시드로 란가라는 지난 1935~1936 시즌 당시 개막 이후 10경기에서 16골을 터트렸다. 특히 호날두는 시즌 초반인 지난 9월 1일 소시에다드 전에는 다리 부상으로 결장해 사실상 9경기에서 17골을 기록한 셈이다. 이는 한 경기당 평균 2골에 가까운 기록으로 올 시즌 연이은 기록 경신이 기대되고 있다. 호날두는 오는 5일 새벽 4시 45분 잉글랜드 리버풀과의 유럽축구연맹(UEFA) 챔피언스리그 B조 홈 4차전에 출전한다. 호날두 17호골 소식을 접한 누리꾼들은 "호날두 17호골, 호날두한테 인수분해당할 것 같아", "호날두 17호골, 지금이라면 호날두 무회전 프리킥 재현이 꿈이 아닐 듯한" 등의 반응을 보였다. -한라일보-

[WC 전설들 이야기] 조광래, "단디해라!"

'인수분해하는 축구선수'. 이 별명이 그의 축구를 설명한다. 아니 그의 인생을 설명한다고 해도 과언이 아니다. 바로 조광래 전 감독이 그 주인공. 현역시절 '컴퓨터 링커'로 명성이 높던 조광래 전 감독은 한국 축구를 대표하는 부동의 미드필더다. 학창시절 시험을 통하여 명문 진주고에 입학한 조광래 전 감독은 축구를 시작해 최고의 자리에 올랐다.
'인수분해'를 할 수 있다는 별명도 여기서 나온 것. 그만큼 열심히 노력했고 결국 1975년 21세의 나이로 태극마크를 달았다. 늦게 시작한 만큼 철저하게 노력했다. 그는 매일 등산을 한 뒤 등교했다. 이유는 간단하다. 늦게 시작해 체력이 부족했기 때문이다. 주전 경쟁서 뒤쳐지지 않기 위하여 현역 은퇴할 때까지 그는 매일 전력질주로 등산을 했다. 승부욕이 얼마나 강한지를 잘 보여주는 사례다. (중략) -OSEN-

기사 속에서 보듯이 인수분해라는 용어는 수학에서의 의미처럼 어떤 원소를 더 기초적이고 간단한 조각으로 분해하는 것을 의미할 때 비유해서 많이 사용하거나 또는 수학의 어려움을 이야기할 때 대표적으로 인수분해라는 용어를 사용하기도 한다는 것을 알 수 있다.

인수분해

1 인수분해

하나의 다항식을 두 개 이상의 다항식의 곱으로 나타내는 것을 **인수분해**라고 한다. 그리고 곱을 이루고 있는 하나하나의 다항식을 다항식의 **인수**라고 한다.

$$x^2+3x+2 \;\; \underset{\text{전개 }\Leftarrow}{\overset{\Rightarrow \text{ 인수분해}}{\Leftrightarrow}} \;\; (x+1)(x+2)$$

▸ $(x+1)$, $(x+2)$는 $(x+1)(x+2)$의 인수이다.

2 인수분해의 기본 공식

(1) $ma-mb+mc=m(a-b+c)$

예 $a(x+y)-b(x+y)=(x+y)(a-b)$

(2) $a^2+2ab+b^2=(a+b)^2$

$a^2-2ab+b^2=(a-b)^2$

예 $x^2+4xy+4y^2=(x+2y)^2$

$x^2-6xy+9y^2=(x-3y)^2$

(3) $a^2-b^2=(a+b)(a-b)$

예 $4x^2-9y^2=(2x)^2-(3y)^2=(2x+3y)(2x-3y)$

(4) $x^2+(a+b)x+ab=(x+a)(x+b)$

예 $x^2-5x+6=(x-2)(x-3)$

$$\begin{array}{lcl} 1x \searrow\!\!\!\nearrow -2 & \rightarrow & -2x \\ 1x \nearrow\!\!\!\searrow -3 & \rightarrow & -3x \downarrow \oplus \\ & & -5x \end{array}$$

개념문제

※ 다음을 인수분해하여라.

1 $16x^2+8x+1$

2 $2x^2+20xy+50y^2$

3 $16x^2-25y^2$

해답

1 $(4x+1)^2$ 2 $2(x+5y)^2$
3 $(4x+5y)(4x-5y)$

(5) $acx^2+(ad+bc)x+bd=(ax+b)(cx+d)$

예 $4x^2+4x-3=(2x-1)(2x+3)$

$$\begin{array}{lllll} 2x & \nearrow -1 & \rightarrow & -2x & \\ 2x & \searrow +3 & \rightarrow & +6x & \downarrow \oplus \\ & & & & +4x \end{array}$$

(6) $a^3+3a^2b+3ab^2+b^3=(a+b)^3$

$a^3-3a^2b+3ab^2-b^3=(a-b)^3$

(7) $a^3+b^3=(a+b)(a^2-ab+b^2)$

$a^3-b^3=(a-b)(a^2+ab+b^2)$

(8) $x^3(a+b+c)x^2+(ab+bc+ca)x+abc$

$=(x+a)(x+b)(x+c)$

(9) $a^2+b^2+c^2+2ab+2bc+2ca=(a+b+c)^2$

(10) $a^3+b^3+c^3-3abc$

$=(a+b+c)(a^2+b^2+c^2-ab-bc-ca)$

(11) $a^4+a^2b^2+b^4=(a^2+ab+b^2)(a^2-ab+b^2)$

범죄자 99퍼센트 색출기가 있다면 도움이 될까?

만약 어느 회사에서 얼굴 인식만으로 범죄자를 99퍼센트 찾아내서 버저를 울려주는 기계를 발명한다면 도움이 될까? 만약 100만 명이 살고 있는 도시에 범죄자는 고작 100명만 있다고 가정하자. 그럼 범죄자는 100명이지만 무고한 시민은 999900명이 된다. 범죄자 100명 중에 이 기계를 사용하면 99명은 범죄자로 판정되어 버저가 울리겠지만 1명은 범죄자인데도 버저는 울리지 않을 것이다. 반면 999900명인 무고한 시민은 989901명은 무고한 시민으로 판정되어 버저가 울리지 않겠지만 9999명은 무고한 시민인데도 버저가 울리게 되는데… 여기서 중요한 것은 관점을 바꾸어서 생각해보면 버저가 울렸을 때의 사람인 99명+9999명=10098명 중에 범죄자는 99명밖에 되지 않으므로 기계가 범죄자를 찾을 확률은 99퍼센트로 실용성이 있을 것 같지만 현실적으로 생각해보면 정작 버저가 울렸을 때 그 사람이 범죄자일 확률은 10098명 중 99명으로 단 1퍼센트도 되지 않는다는 사실이다.

개념문제

※ 다음을 인수분해하여라.

4 x^6-y^6

5 $x^3-9x^2+27x-27$

6 $a^3+b^3+27c^3-9abc$

해답

4 $(x+y)(x-y)(x^2+xy+y^2)(x^2-xy+y^2)$

5 $(x-3)^3$

6 $(a+b+3c)(a^2+b^2+9c^2-ab-3ac-3bc)$

3 복잡한 식의 인수분해

(1) 공통부분이 있는 식의 인수분해

공통부분이 있는 경우에는 공통부분을 X로 치환하여 인수분해한다. 또한 식이 복잡할 때는 식을 변형하여 공통부분을 찾아 치환을 이용하여 인수분해한다.

예 $(x+y)^2-(x+y)-6$에서 $(x+y)$를 X로 치환하면 X^2-X-6이 되고 이를 인수분해하면 $(X-3)(X+2)$이다. X에 $(x+y)$를 대입하면 $(x+y-3)(x+y+2)$이다.

(2) $ax^4+bx^2+c\ (a \neq 0)$꼴의 인수분해

1) x^2을 X로 치환하여 X에 대한 이차식을 인수분해한다.

예 x^4+2x^2-8에서 x^2을 X로 치환하면 X^2+2X-8이 되고 이를 인수분해 하면 $(X+4)(X-2)$가 된다.
X에 x^2을 대입하면 $(x^2+4)(x^2-2)$이다.

2) 이차식을 분리하거나 더하고 빼서 A^2-B^2의 꼴로 변형한 후 인수분해한다.

예 x^4+x^2+1에서 x^2을 더하고 빼면 $x^4+2x^2+1-x^2$이 되어 $(x^2+1)^2-x^2$의 꼴이 되고 이를 인수분해하면 $(x^2+x+1)(x^2-x+1)$이다.

(3) 여러 문자를 포함한 식의 인수분해

1) 차수가 가장 낮은 문자에 대하여 내림차순으로 정리하고 나머지 문자들은 상수로 취급한다.

2) 차수가 가장 낮은 문자가 2개 이상일 때는 그중 어느 한 문자에 대하여 내림차순으로 정리한다.

예 $x^2+3xy+2y^2+2x+y-3$에서 x에 대하여 내림차순으로 정리하면 $x^2+(3y+2)x+2y^2+y-3$이 되고 인수분해하면 $(x+y-1)(x+2y+3)$이다.

개념문제

7 $(x-2y-1)(x-2y+2)-4$를 인수분해하면 $(x-2y-2)(ax+by+c)$일 때, abc의 값은?

8 x^4-6x^2+5를 인수분해하여라.

9 $x^2+2y^2+3xy+2x+5y-3$을 인수분해하여라.

해답

7 -6
8 $(x+1)(x-1)(x^2-5)$
9 $(x+y+3)(x+2y-1)$

(4) 고차식의 인수분해

• 조립제법

다항식 $f(x)$를 x에 대한 일차식으로 나눌 때, 직접 나누지 않고 계수의 연산을 이용하여 몫과 나머지를 구하는 방법을 **조립제법**이라고 한다.

예 x^3+4x^2+x-8을 $x-1$로 나누었을 때,

$$\begin{array}{c|cccc} 1 & 1 & 4 & 1 & -8 \\ & & 1 & 5 & 6 \\ \hline & 1 & 5 & 6 & \boxed{-2} \end{array}$$

몫 : x^2+5x+6 나머지 : -2

• 조립제법을 이용한 고차식의 인수분해

1) 고차식을 $f(x)$라 할 때, $f(\alpha)=0$을 만족시키는 α를 찾는다.

이때, $\alpha=\dfrac{(\text{상수의 약수})}{(\text{최고차항의 계수의 약수})}$

2) 조립제법으로 $f(x)$를 $x-\alpha$로 나눈 몫 $Q(x)$를 구하여

$$f(x)=(x-a)Q(x)$$

꼴로 나타낸다.

3) $Q(x)$를 인수분해한다.

예 x^3+2x^2-5x-6에서 상수 6의 약수 중 2를 x에 대입하면 값이 0이므로 조립제법을 이용하여 식을 $x-2$로 나누면 $(x-2)(x^2+4x+3)$이 되고 남은 이차식을 인수분해하면 $(x-2)(x+1)(x+3)$이다.

A4 용지의 황금비율의 비밀

황금비율은 기원전 3세기경 유클리드가 발견하였는데 중세와 근대에 수학자와 철학자들이 연구를 더 하면서 황금비율이라는 이름으로 불리게 되었다. A4 용지에서도 황금비율은 숨어 있는데 피보나치 수열인 1 1 2 3 5 8 13 21 34…에서도 뒤의 수를 앞의 수로 나누면 1:1.618로 수렴하게 되고 이것이 바로 황금비율이다. 황금비율은 수학뿐만 아니라 생물학, 예술, 천문학 등 여러 분야에서 활용되고 있다.

개념문제

10 x^3-x^2+2x-8을 인수분해하여라.

11 $x^3-10x+9$를 인수분해하여라.

해답

10 $(x-2)(x^2+x+4)$

11 $(x-1)(x^2+x-9)$

수학 토론 및 팀 활동

① 인수분해 공식을 평면도형을 이용하여 증명해보자.

우리는 많은 인수분해 공식들을 알고 있다. 완전제곱이라 불리는 인수분해 공식부터 합차 공식 등등… 이러한 공식들을 계산을 통하여 이해하기도 하고 또 외워서 그냥 쓰기도 한다.

활동 주어진 공식들을 팀별로 직사각형을 이용하여 증명해보자.

(1) $ma-mb+mc=m(a-b+c)$

(2) $a^2+2ab+b^2=(a+b)^2$

(3) $a^2-2ab+b^2=(a-b)^2$

(4) $a^2-b^2=(a+b)(a-b)$

(5) $x^2+(a+b)x+ab=(x+a)(x+b)$

(6) $acx^2+(ad+bc)x+bd=(ax+b)(cx+d)$

예 $(a+b)^2=a^2+2ab+b^2$

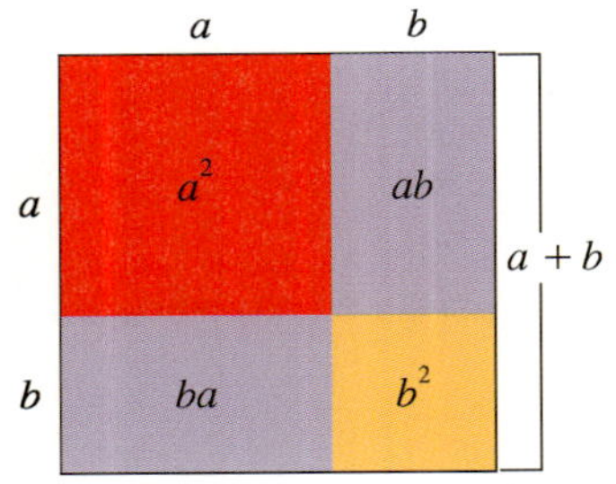

$(a+b+c)^2=a^2+b^2+c^2+2ab+2bc+2ca$

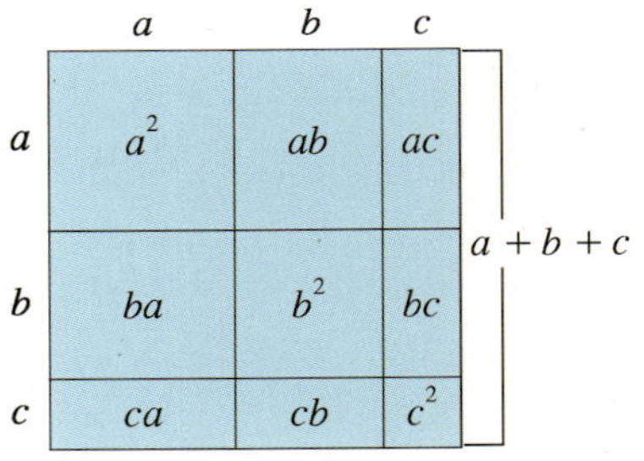

수학 토론 및 팀 활동

② 인수분해 공식을 입체도형을 이용하여 증명해보자.

활동 주어진 공식들을 팀별로 직육면체를 이용하여 증명해보자.

(1) $a^3+3a^2b+3ab^2+b^3=(a+b)^3$

(2) $a^3-3a^2b+3ab^2-b^3=(a-b)^3$

(3) $a^3+b^3=(a+b)(a^2-ab+b^2)$

(4) $a^3-b^3=(a-b)(a^2+ab+b^2)$

(5) $x^3+(a+b+c)x^2+(ab+bc+ca)x+abc=(x+a)(x+b)(x+c)$

(6) $a^3+b^3+c^3-3abc=(a+b+c)(a^2+b^2+c^2-ab-bc-ca)$

예 a^3-b^3

$$\begin{aligned}(a-b)^3&=a^3-a^2b-ab(a-b)-(a-b)^2b\\&=a^3-a^2b-ab(a-b)-(a^2-2ab+b^2)b\\&=a^3-a^2b-a^2b+ab^2-a^2b+2ab-b^3\\&=a^3-3a^2b+3ab^2-b^3\end{aligned}$$

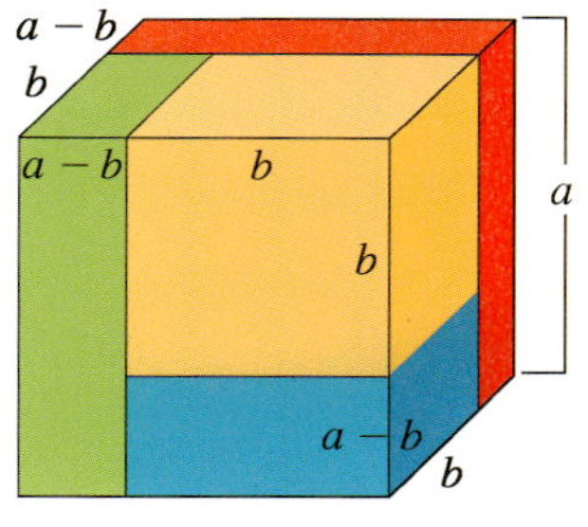

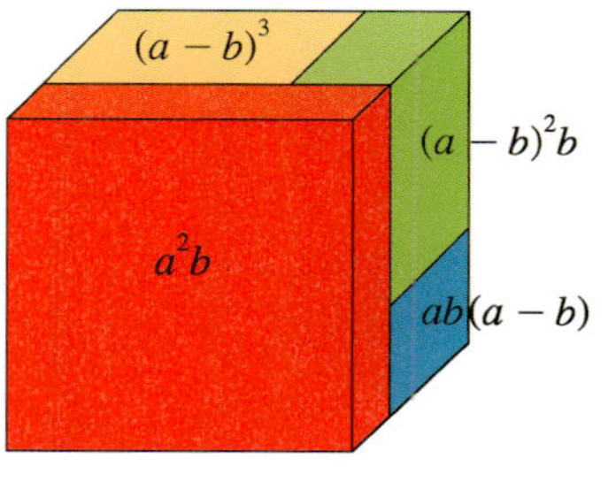

위대한
수학자

유클리드

BC 300년경에 활약한 그리스의 수학자. 그리스식 표기는 Eukleidēs. 그리스 기하학, 즉 '유클리드 기하학'의 대성자이다. 그의 저서 《기하학원본》은 기하학에 있어서의 경전적 지위(經典的地位)를 확보함으로써 유클리드라 하면 기하학과 동의어로 통용되는 정도에 이르고 있다.

그의 일생에 관해서는 알렉산드리아에서 프톨레마이오스 1세에게 수학을 가르쳤다는 것 외에는 확실한 것이 없다.

플라톤의 아카데미에서 배우고, 뒤에 프톨레마이오스(Ptolemaeos 1세: B.C. 323~285) 재임 중 초빙되자 알레산드리아에 이전했는데 왕에게 "학문에는 왕도(王道)가 없다"고 대답한 말은 유명하다. 그는 이곳에 학교를 설립, 사제를 교육하고, 거기서 유명한 《기하학원본(幾何學原本)》(Elements, 13권)을 저술했다고 한다. 이 서적은 그 이전에 발견된 사실과 그의 발견을 가하여 쓴 것으로 이에 따라 그리스의 기하학은 완성되고, 이후 로바체프스키(N. I. Lobachevskii)의 비(非)유클리드 기하학이 나올 때까지 유일한 기하학 체계(幾何學體系)로서 표준이 되었다. 당시 수학은 플라톤적인 철학의 연구에 필요한 준비 과정으로 간주되어, 이 서적도 그 목적에 부합하여 편찬되었기 때문에 추상적 · 형식적인 논리 방식이 채택되었으며, 실용적 · 응용적인 방면은 제외되어 있다. 본서(本書)는 아라비아를 통하여 후대에 전해져 아라비아 · 라틴 기타 각 국어로 번역되어 세계 각국에 있어서 거의 원형(原形) 그대로 교과서로 채용되었다. 1807년 처음 한역(韓譯)되었을 때 《기하원본(幾何原本)》이라고 불렀고, 이로써 중국 · 우리나라 · 일본 등에서는 기하학의 명칭을 사용하게 됐다. 한 저술로써 이만큼 오래 세상에서 사용되고, 더욱이 커다란 영향을 미친 서적은 유례가 없으며 기타 많은 명저(名著)가 있다고 말하고 있으나 후세에 전해지지 않고 있다. 《Dedomena》는 해석기하 입문서(解析幾何入門書)로 1825년 독역(獨譯)되었고, 《Phaenomena》는 천문학강요(天文學綱要)로 1707년 영역(英譯)되었다. 이외에 기하광학(幾何光學)의 원리를 발견했고, 원형의 분할(円形의 分割) · 원추 곡선(円錐曲線)에 관한 연구도 있다.

-네이버 지식백과, 두산백과-

연습문제

Lesson

02

인수분해

학 과	
학 번	
이 름	
제출일	

01 다항식 $9x^2-24xy+16y^2$를 인수분해하여라.

02 다항식 $25x^2-49y^2$를 인수분해하여라.

03 다항식 $27x^3+8y^3$를 인수분해하여라.

04 다항식 $a^3+b^3+8c^3-6abc$를 인수분해하여라.

05 다항식

$$x^4+y^4+z^4-2x^2y^2-2y^2z^2+2z^2x^2$$

를 인수분해하여라.

06 다항식 $(x^2-3x)^2-2x^2+6x-8$를 인수분해하여라.

07 다항식

$$(x-1)(x-3)(x+2)(x+4)+24$$

를 인수분해하여라.

08 다항식 x^4-13x^2+4를 인수분해하여라.

09 $9x^4+8x^2+4$를 인수분해하면 $(3x^2-2x+2)(3x^2+ax+b)$일 때, 상수 a, b의 곱 ab의 값을 구하여라.

10 다항식

$$a^2(b+c)+b^2(c+a)+c^2(a+b)+2abc$$

를 인수분해하여라.

11 다항식 $x^2+4y^2+z^2+4xy+4yz+2xz$를 인수분해하여라.

12 다항식 x^3-x^2+2x-8를 인수분해하여라.

13 다항식 $x^4-3x^3-2x^2+7x-3$을 인수분해하였더니 $(x-a)(x-b)(x^2+x+c)$가 되었다.
이때, $a+b+c$의 값을 구하여라.

14 $11\cdot12\cdot13\cdot14+1=N^2$일 때, 자연수 N의 값을 구하여라.

15 $10^2-12^2+14^2-16^2+18^2-20^2$의 값을 구하여라.

16 $\dfrac{47^4+47^2+1}{47^2+47+1}=n(n+1)+1$일 때, 자연수 n의 값을 구하여라.

17 다항식 $(x-1)(x-3)(x-5)(x-7)+k$ 가 x에 대한 이차식의 완전제곱식으로 인수분해될 때, 상수 k의 값을 구하여라.

18 실수 a, b, c에 대하여 $[a,\ b,\ c]=a^2+bc$로 정의하고 $x+y+z=5$, $x^2+y^2+z^2=15$일 때, $[x,\ 2y,\ z]+[y,\ 2z,\ x]+[z,\ 2x,\ y]$의 값을 구하여라.

19 삼각형의 세 변 a, b, c가 $a^3+b^3+c^3=3abc$를 만족할 때, 이 삼각형은 어떤 삼각형인지 구하여라.

20 삼각형의 세 변의 길이 a, b, c에 대하여 $ab(a+b)-bc(b+c)-ca(c-a)=0$인 관계가 성립할 때, 어떤 삼각형인지 구하여라.

성찰일지

Lesson 02

인수분해

학번 : ______________________

학과 : ______________________

이름 : ______________________

단원 테스트

학번 : ____________________

학과 : ____________________

이름 : ____________________

1. 다음 식을 인수분해하여라.

$16x^2 - 9y^2 =$

2. 다음 식을 인수분해하여라.

$4x^2 - 4x + 1 =$

3. 다음 식을 인수분해하여라.

$x^2 - 5x - 6 =$

4. 다음 식을 인수분해하여라.

$(x - y + 3)(x - y - 2) - 6 =$

5. 다음 식을 인수분해하여라.

$x^3 - 6x^2 + 11x - 6 =$

Lesson 03

방정식

Equations

학습목표

방정식 단원에서는 방정식의 개념을 이해하고 차수별 방정식의 해법과 또 근과 계수와의 관계, 판별식, 연립 방정식 등 여러 가지 방정식 관련 내용들을 학습하고 다양한 유형의 방정식을 풀 수 있도록 하는 것이 단원 목표이다.

“기하학은 가장 오래된 물리학의 한 분야이다. -아인슈타인”

“나는 계산한다. 고로 존재한다. -윤옥경”

“나는 어떤 의미에서 신과 무 사이의 중간적 존재다. -데카르트”

“대수학은 글로 쓴 기하학이고 기하학은 그림으로 그린 대수학이다. -제르맹”

“모든 특정이론은 수학적인 정도만큼만 과학적이다. -칸트”

“무리수는 전혀 수가 아니다. 완전한 인간의 창조물이다. -크로네커”

방정식의 정의

방정식의 사전적 의미는 변수를 포함하는 등식에서, 변수의 값에 따라 참 또는 거짓이 되는 식을 방정식이라고 한다. 이와는 대조적으로 변수를 포함하는 등식이 변수의 값에 따라서 항상 참인 경우를 항등식이라고 한다.
그러니까 변수의 값에 따라 참 또는 거짓이 되기도 하는 식을 방정식, 변수에 어떤 수를 대입하더라도 항상 참이 되는 식을 항등식이라고 하는 것이다.
이때 방정식에서 등식을 성립시키는 특정한 변수의 값을 방정식의 근 또는 해라고 하고, 그 근이나 해를 찾는 것을 방정식을 푼다라고 한다.

예를 들면 x에 관한 방정식 $3x+2=14$에서 $x=4$일 때, 이 등식이 성립하므로 방정식의 해는 4이다. 이때 x의 값은 처음부터 알고 있던 수가 아니므로 미지수라고 하고 미지수 이외의 문자나 수를 기지수라고 한다. 방정식에서 미지수의 종류가 하나이면 1원 방정식, 둘이면 2원 방정식이라고 하고, 그 미지수에 대한 차수가 1차이면 1차 방정식, 2차이면 2차 방정식이라고 한다. 즉 2원 1차 방정식이란 미지수의 최고 차수가 1차이고, 미지수의 종류가 2개인 방정식을 말한다.
그 외에 미지수에 어떤 수를 대입해도 등식이 성립하지 않을 때 그 방정식은 불능이라고 하고, 주어진 방정식을 만족하는 미지수의 값, 즉 해가 무한히 많을 때 방정식은 부정이라고 한다.

미적 체험을 활용한 스토리텔링 수학

뒤러의 멜랑콜리아 I (영국 대영박물관)

예술적 호기심

1. 이 그림은 회화인가 판화인가?
2. 이 그림은 어떤 느낌을 담고 있는가?
3. 이 그림에 등장하는 동물들의 감정은 무엇을 나타낼까?
4. 이 그림에 스토리를 넣어서 이야기해보자.
5. 이 그림의 실제 크기는 얼마나 될까?

수학적 호기심

6. 이 그림 속에 숨어있는 수학 관련 도구를 찾아보자.
7. 이 그림 속의 숫자를 찾아보고 규칙을 이야기해보자.
8. 이 그림 속에서 기하학적 부분을 찾고 이야기해보자.
9. 이 그림 속의 마방진을 통해 다른 마방진을 만들어보자.
10. 이 그림의 수학적 의의는 무엇인지 이야기해보자.

논리추론 문제 사형을 면한 포로는 누구일까?

상황

2차 세계대전 때 미국, 영국, 프랑스, 호주 연합군 4명이 독일 군인에게 포로로 잡혔다. 악랄하기로 유명한 독일 군인은 이 포로 4명을 모두 사형시키려고 사형장으로 데려와서 바닥에 땅을 파고 일렬로 나란히 얼굴만 남기고 묻었다. 왼쪽부터 미국, 영국, 프랑스, 호주 병사의 순서로 묻었는데 제일 왼쪽의 미국 병사만 오른쪽으로 보게 하고 나머지 세 병사는 왼쪽을 보게 하여 묻었다. 사형을 집행하려다가 독일 군인은 4명 중 1명의 생명을 살릴 수 있는 게임을 하자고 포로들에게 제안한다.

미국 병사　　　영국 병사　프랑스 병사　호주 병사

게임 규칙

위 그림과 같이 묻혀 있는 병사 중 미국 병사와 영국 병사 사이에 벽을 하나 설치했다.

즉 미국 병사와 영국 병사는 묻힌 방향으로 볼 때 벽만 볼 수밖에 없고 프랑스 병사는 영국 병사를 볼 수 있으며 호주 병사는 영국 병사와 프랑스 병사를 둘 다 볼 수 있다.

독일 군인이 제안한 게임은 다음과 같다. 포로 4명에게 "지금부터 너희 4명의 눈을 가린 후 흰 모자 2개와 검은 모자 2개를 무작위로 씌우겠다. 그런 후 눈을 가린 안대를 풀어줄 테니 누구라도 먼저 자신의 모자 색깔을 맞추는 사람 1명만 살려주고 나머지는 모두 사형시키겠다!"라고 말했다.

문제

자 여기서 문제. 모든 규칙을 숙지한 4명의 포로는 안대가 벗겨지자 살기 위한 자신의 모자 색을 맞추기 위한 게임을 시작했다. 안대가 풀어지고 게임이 시작되었는데 잠시 침묵이 흘렀다. 그런 후에 한 병사가 자신의 색깔을 맞추어서 그 병사만 살 수 있었다. 과연 어느 나라 병사가 살 수 있었을까?

방정식이란 말은 생활 속 스포츠 기사나 경제 기사 속에서 흔히 찾아볼 수 있다.

슈틸리케 감독 제주 전지훈련의 방정식

울리 슈틸리케 A대표팀 감독의 2015년 호주아시안 컵 로드맵은 얼마나 완성됐을까.
호주아시안 컵은 2015년 1월 9일 개막된다. 슈틸리케호는 55년 만의 아시안 컵 우승을 꿈꾸고 있다. 한국은 아시안 컵에서 1956년, 1960년 1, 2회 대회에서 우승을 차지한 뒤 정상을 탈환하지 못했다. 한국은 이번 대회에서 개최국 호주를 비롯해 오만, 쿠웨이트와 함께 A조에 속해 있다. 조별리그 첫 경기는 10일 캔버라 스타디움에서 펼쳐진다. 상대는 오만이다. 결전이 임박했다. 한 달여 남았다. 슈틸리케 감독의 첫 메이저 대회 준비는 70%까지 올라왔다.
슈틸리케 감독은 10일 제주 전훈 기자회견에서 "로드맵 완성은 10점 만점에 77.5점 정도"라고 밝혔다. 나머지 30%는 15일부터 일주일간 떠날 제주도 전지훈련과 12월 말부터 실시될 2주간의 호주 적응훈련에서 가다듬을 예정이다. (중략) 그는 "다가오는 아시안 컵을 위해 국내 선수들의 컨디션 조절뿐만 아니라 동아시안 컵을 대비해 새로운 가능성을 지닌 선수들을 같이 발탁해 훈련하기로 했다"고 말했다. 골키퍼 4명을 제외한 24명의 필드 플레이어 중 16명이 1990년생 이후 선수들로 구성된 이유다. 슈틸리케 감독은 "최초 발탁된 선수도 있지만, 가능성이 있는 선수들을 뽑아 대표 팀을 젊게 만들었다"고 했다. -스포츠 조선-

〈창업성공방정식〉 중소기업의 미래가 국가경제의 미래

금강일보는 올 한 해 중소기업진흥공단 대전지역본부와 함께 '창업성공방정식', '중소기업-지역인재 마주보기' 코너를 통해 창업열풍과 중소기업 인력난을 심도 있게 들여다봤다. 기업 환경을 둘러싼 핵심 화두였다는 점에서 좀 더 세밀하게 관찰할 필요가 있었다. 이성희 중소기업진흥공단 대전지역본부장과 함께 관련 이슈에 대한 의미를 정리해 본다. (중략) 정보화시대, 봇물 터지 듯 쏟아지는 각종 지원정보를 캐치하는 것도 능력이고 경쟁력이다. 다양한 지원 프로그램을 연구하고 활용하는 것도 창업자라면 꼭 염두에 둬야 할 사항이다.

-금강일보-

이와 같이 방정식이라는 용어는 어떤 문제를 풀어가는 과정이나 방식을 표현할 때 일상 속에서 많이 쓰는 단어이다.

방정식

1 방정식의 정의

(1) 방정식

등식에 들어있는 미지수의 값에 따라서 참이 되기도 하고 거짓이 되기도 하는 등식을 **방정식**이라고 한다.

예 $3x+1=7$은 $x=2$일 때는 참이고 그 외에는 거짓이므로 방정식으로 볼 수 있다.

(2) 방정식의 해

방정식이 참이 되게 하는 미지수의 값을 방정식의 **해** 또는 근이라고 하고 해를 찾는 것을 **방정식을 푼다**고 한다.

2 일차, 이차방정식의 해법

(1) 일차방정식 $ax=b$의 해법

1) $a \neq 0$일 때, $x=\dfrac{b}{a}$ (오직 한 근)

2) $a=0$일 때,

$$\begin{cases} b \neq 0 \text{이면 해가 없다. (불능)} \\ b=0 \text{이면 해가 무수히 많다. (부정)} \end{cases}$$

(2) 이차방정식의 해법($a \neq 0$)

1) **인수분해에 의한 해법**

$ax^2+bx+c=(kx-l)(mx-n)$으로 인수분해될 때

$$ax^2+bx+c=0 \Leftrightarrow x=\frac{l}{k} \text{ 또는 } x=\frac{n}{m}$$

2) **완전제곱식에 의한 해법**

$ax^2+bx+c=a(x+p)^2-q$로 변형이 될 때

$$ax^2+bx+c=0 \Leftrightarrow x=-p\pm\sqrt{\frac{q}{a}}$$

개념문제

1 다음을 계산하여라.
$(a+1)x=a+1$

2 다음을 계산하여라.
$(a-1)x=a+3$

3 다음을 계산하여라.
$3(2x+5)-3(x-1)=x+2$

해답

1 $a=-1$일 때 : 부정,
$a\neq-1$일 때 : $x=1$

2 $a=1$일 때 : 불능
$a\neq1$일 때 : $x=\dfrac{a+3}{a-1}$

3 $x=-4$

3) **근의 공식에 의한 해법**

(i) $ax^2+bx+c=0 \Leftrightarrow x=\dfrac{-b\pm\sqrt{b^2-4ac}}{2a}$

(ii) $ax^2+2b'x+c=0 \Leftrightarrow x=\dfrac{-b'\pm\sqrt{b'^2-ac}}{a}$

3 이차방정식의 판별식

(1) 이차방정식의 판별식

1) x에 대한 이차방정식 $ax^2+bx+c=0$의 근은 근의 공식에 의하여 $x=\dfrac{-b\pm\sqrt{b^2-4ac}}{2a}$.

a, b, c가 실수일 때, 방정식의 근이 실근 또는 허근인지는 b^2-4ac의 부호로 판단된다. 따라서 $D=b^2-4ac$를 **이차방정식의 판별식**이라고 한다.

2) x에 대한 이차방정식 $ax^2+2b'x+c=0$일 때의 판별식은 $\dfrac{D}{4}=b'^2-ac$을 이용한다.

(2) 이차방정식의 근의 판별

이차방정식 $ax^2+bx+c=0$ $(a\neq 0)$에서 판별식은

1) $D>0 \Leftrightarrow$ 서로 다른 두 실근

2) $D=0 \Leftrightarrow$ 중근(실근)

3) $D<0 \Leftrightarrow$ 서로 다른 두 허근(서로 켤레복소수 근)

이다.

개념문제

4 $x^2-5x=-6$을 계산하여라.

※ 다음 이차방정식의 근을 판별하여라.

5 $3x^2-6x+8=0$

6 $3x^2+x+\dfrac{1}{12}=0$

7 $x^2+x-6=0$

해답

4 $x=2$ 또는 3
5 서로 다른 두 허근
6 중근(실근)
7 서로 다른 두 실근

4 이차방정식의 근과 계수의 관계

(1) 근과 계수의 관계

이차방정식 $ax^2+bx+c=0\ (a\neq0)$의 두 근을 α, β라 할 때

1) **두 근의 합** : $\alpha+\beta=-\dfrac{b}{a}$이다.

2) **두 근의 곱** : $\alpha\beta=\dfrac{c}{a}$이다.

(2) 근을 이용한 이차방정식

1) x^2의 계수가 1이고, α, β를 두 근으로 하는 이차방정식은 다음과 같다.

$$(x-\alpha)(x-\beta)=0 \Leftrightarrow x^2-(\alpha+\beta)x+\alpha\beta=0$$

2) x^2의 계수가 a인 이차방정식 $ax^2+bx+c=0$의 두 근을 α, β라고 하면 다음과 같다.

$$ax^2+bx+c=a(x-\alpha)(x-\beta)$$

(3) 이차방정식의 실근의 부호

이차방정식 $ax^2+bx+c=0\ (a\neq0)$의 두 근을 α, β라 할 때

1) 두 근이 모두 양 $\Leftrightarrow D\geq0,\ \alpha+\beta>0,\ \alpha\beta>0$

2) 두 근이 모두 음 $\Leftrightarrow D\geq0,\ \alpha+\beta<0,\ \alpha\beta>0$

3) 두 근의 부호가 다르다. $\Leftrightarrow \alpha\beta<0$

4) 두 근이 서로 다른 부호이고 양근의 절댓값이 음근의 절댓값보다 크다. $\Leftrightarrow \alpha+\beta>0,\ \alpha\beta<0$

5) 두 근이 서로 다른 부호이고 음근의 절댓값이 양근의 절댓값보다 크다. $\Leftrightarrow \alpha+\beta<0,\ \alpha\beta<0$

개념문제

※ 이차방정식 $5x^2+2x-9=0$의 두 근을 α, β라고 할 때, 다음을 구하여라.

8 $\alpha+\beta$

9 $\alpha\beta$

10 $|\alpha-\beta|$

해답

8 $-\dfrac{2}{5}$　　9 $-\dfrac{9}{5}$

10 $\dfrac{2\sqrt{46}}{5}$

5 고차방정식의 해법

(1) 인수분해를 이용하는 해법

1) **인수분해 공식을 이용**

$x^3-y^3=(x-y)(x^2+xy+y^2)$,

$x^3+y^3=(x+y)(x^2-xy+y^2)$ 등을 이용

2) **인수정리를 이용**

$f(\alpha)=0$이면 $f(x)=(x-\alpha)Q(x)$를 이용하고 조립제법으로 $Q(x)$를 구해서 구한다.

(2) 치환을 이용하는 해법

1) $x^2=t$로 치환하여 방정식을 이차식으로 만든다.

예 $x^4+ax^2+b=0 \Rightarrow t^2+at+b=0$

2) A^2-B^2의 꼴로 변형하여 푼다.

(3) 상반방정식의 해법

1) $ax^4+bx^3+cx^2+bx+a=0 \ (a\neq 0)$

양 변을 x^2으로 나눈 다음 $x+\dfrac{1}{x}=t$로 치환하여 t에 대한 이차방정식을 푼다.

2) **홀수차 상반방정식** : $(x+1)$로 인수분해하면 짝수차 상반방정식 $ax^4+bx^3+cx^2+bx+a=0$이 된다.

친근한 수와 무리수의 탄생

1, 2, 3, 4와 같은 자연수는 우리가 많이 쓰는 가장 친근한 수이다. 그러나 세상에는 무리수와 같이 얼마든지 복잡한 수들이 더 많이 존재한다. 무리수란 정수와 정수의 비로 나타낼 수 없는 수로서 고대 그리스의 피타고라스학파 사람들은 직각이등변 삼각형에서 자연수도 분수도 아닌 수를 발견해냈다. 이 발견 이후 한동안은 피타고라스학파에서 무리수는 있어서는 안 될 수로 못 박고 무리수의 존재를 누설하는 것을 오랫동안 금하고 비밀로 하고 누설한 자는 내부에서 은밀히 처벌해버렸다는 말도 전해지고 있다.

개념문제

※ 다음 삼차방정식을 풀어라.

11 $x^3+1=0$

12 $x^3-6x^2+11x-6=0$

※ 다음 사차방정식을 풀어라.

13 $x^4-4x+3=0$

해답

11 $x=1$ 또는 $\dfrac{1\pm\sqrt{3}i}{2}$

12 $x=1$ 또는 $x=2$ 또는 $x=3$

13 $x=\pm1$ 또는 $\pm\sqrt{3}$

6 삼차방정식의 근과 계수의 관계

(1) 삼차방정식의 근과 계수의 관계

삼차방정식 $ax^3+bx^2+cx+d=0$의 세 근을 α, β, γ라 하면

$$\alpha+\beta+\gamma=-\frac{b}{a}$$

$$\alpha\beta+\beta\gamma+\gamma\alpha=\frac{c}{a}$$

$$\alpha\beta\gamma=-\frac{d}{a}$$

(2) 근을 이용한 삼차방정식

1) 세 수 α, β, γ를 세 근으로 하는 x^3의 계수가 1인 삼차방정식

$\Rightarrow x^3-(\alpha+\beta+\gamma)x^2+(\alpha\beta+\beta\gamma+\gamma\alpha)x-\alpha\beta\gamma=0$

2) $\alpha+\beta+\gamma=a$, $\alpha\beta+\beta\gamma+\gamma\alpha=b$, $\alpha\beta\gamma=c$를 만족하는 α, β, γ를 세 근으로 하는 삼차방정식

$\Rightarrow x^3-ax^2+bx-c=0$

(3) 켤레근

계수가 유리수인 n차방정식 $f(x)=0$의 한 근이 $a+b\sqrt{2}$이면 $a-b\sqrt{2}$도 $f(x)=0$의 근이다. (단, a, b는 유리수)

카지노 게임에서 돈을 잃지 않는 방법

만일 당신이 카지노에서 홀수나 짝수를 맞히는 게임에서 결과를 맞혔을 때 상금의 2배를 받고 맞히지 못하면 잃는 게임에서 결국 돈을 벌 수 있을까? 예를 들어 1달러를 걸었다고 치자. 그럼 홀수 짝수의 확률은 2분의 1이므로 이길 확률과 잃을 확률은 반이 된다. 만약 져서 1달러를 잃게 되면 그 다음은 2달러를 걸고 또 그 2달러마저 잃게 되면 4달러를 걸고…, 즉 2의 제곱으로 판돈을 걸게 되면 계속 잃다가도 한 번만 이기게 되면 그동안 잃은 돈을 회복하는 것은 물론이고 오히려 1달러를 벌게 된다. 그 다음에 다시 1달러만 걸고 다시 이런 방식으로 게임을 반복한다면 돈을 계속 따게 되고 절대 잃을 걱정은 없는 것이다. 물론 이 이론은 연속으로 10번 이상 잃을 경우를 대비해서 걸 수 있는 액수의 제한이 없고 돈이 무한정 뒷받침될 때 가능한 것이다.

개념문제

※ 삼차방정식 $2x^3-5x^2+11x+18=0$의 세 근을 α, β, γ라고 할 때, 다음 식의 값을 구하여라.

14 $\alpha+\beta+\gamma$

15 $\alpha\beta+\beta\gamma+\gamma\alpha$

16 $\alpha\beta\gamma$

해답

14 $\frac{5}{2}$ 15 $\frac{11}{2}$

16 -9

7 연립방정식

(1) 연립일차방정식

- **이원일차연립방정식(미지수 2개)**

$\begin{cases} ax+by=p \\ cx+dy=q \end{cases}$ 의 해법

⇒ 가감법, 대입법, 등치법 등을 이용하여 변수를 소거하여 해를 구한다.

① $ad-bc\neq 0 \Leftrightarrow \dfrac{a}{c}\neq\dfrac{b}{d}$일 때, 한 쌍의 근

② $ad-bc=0$일 때

$\dfrac{a}{c}=\dfrac{b}{d}=\dfrac{p}{q}$이면 부정이다.

$\dfrac{a}{c}=\dfrac{b}{d}\neq\dfrac{p}{q}$이면 불능이다.

(2) 연립이차방정식(미지수 2개)

1) **일차와 이차의 연립방정식**

⇒ 일차식을 이차식에 대입하여 해를 구한다.

2) **이차와 이차의 연립방정식**

⇒ 인수분해, 이차항 소거, 상수항 소거, 일차항 소거 등을 통해 일차와 이차의 연립꼴로 변형한다.

바코드의 비밀

바코드는 슈퍼마켓이나 서점 또는 각종 물건을 빨리 계산하는 용도로 아주 널리 이용되고 있다. 원리를 알아보면 검은 줄 막대와 흰 줄 사이의 반사율 차이를 스캐너가 전기 신호로 바꾼다. 전기 신호의 폭을 디지털 신호인 0과 1로 나타내어서 그 조합으로 해당되는 숫자를 구별한다고 한다. 바코드는 보통 13자리인 30개의 줄무늬인 표준형과 8자리 22개의 줄무늬로 된 단축형도 있다. 이 바코드의 발견으로 키보드로 숫자를 입력하는 속도를 높이고 오타까지 방지할 수 있어서 판매 재고관리 및 항공 유통 등 여러 분야에 유용하게 활용되고 있다.

개념문제

※ 다음 연립방정식을 풀어라.

17 $\begin{cases} x+3y+1=0 \\ 2x+6y+3=0 \end{cases}$

18 $\begin{cases} 3x+4y+2=0 \\ 9x+12y+6=0 \end{cases}$

19 $\begin{cases} x+2y=3 \\ x-y=2 \end{cases}$

20 $\begin{cases} 3x-y=2 \\ 2x^2-3xy+y^2=0 \end{cases}$

해답

17 불능　　18 부정
19 $x=1,\ y=1$
20 $x=1,\ y=1$ 또는 $x=2,\ y=4$

수학 토론 및 팀 활동

① 필요한 최소의 추의 개수는?

채석장이 하나 있다. 이 채석장에는 다양한 질량의 돌들이 있는데, 이 돌들의 질량은 자연수이고 제일 가벼운 돌은 1킬로그램, 제일 무거운 돌은 40킬로그램이라고 한다. 우리는 이 많은 자연수의 질량을 가지는 돌들을 질량별로 측정하여 분류하려고 한다.

돌들의 질량 측정을 위해 여기 양팔저울이 하나 있다. 이 저울을 사용하여 우리는 돌들의 질량을 측정하여 1킬로그램 돌부터 40킬로그램 돌까지 분류하면 된다.

그래서 양팔저울로 질량 측정에 필요한 추가 있어야 하는데, 추 역시 1킬로그램짜리 추부터 40킬로그램짜리 추까지 40가지의 질량을 가지는 추가 여러 개 있다. 추가 많으면 좋겠지만 추가 가격이 비싸서 추의 개수를 최소한으로 하여 우리는 이 돌들의 질량을 다 측정하려고 한다.

문제 우리는 최소 몇 개의 추만 있으면 1킬로그램부터 40킬로그램까지의 돌들의 질량을 다 측정할 수 있을까? 단, 추는 질량에 관계없이 가격은 다 똑같고 같은 질량의 추를 여러 개 쓸 수 있다. 팀별로 몇 킬로그램짜리 몇 개의 추만으로 이 모든 돌들의 질량을 측정할 수 있는지 토론하고 발표해보자.

② 게임에서 이기는 방법을 찾아라.

바둑돌이 100개가 있다. 두 사람이 지금부터 게임을 하나 시작하는데, 바둑돌을 순서대로 가져가다가 마지막 돌 1개가 남는 사람이 지는 게임이다. 1회에 바둑돌은 최소 1개에서 최대 10개까지 가져갈 수 있다.

즉 정리하면 바둑돌 100개에서 게임을 시작하여 교대로 1개에서 10개 사이의 돌을 가져간다. 그러다가 마지막 1개의 돌이 남는 사람이 지는 것이다.

활동 1 이 게임을 실제로 해보면서 게임 규칙을 익혀보자.

활동 2 이길 때와 질 때의 상황들을 방정식과 연계하여 생각해보고, 이길 수 있는 방법이 무엇인지 팀별로 토론해보자.

활동 3 무조건 이기기 위해서는 먼저 하는 것이 유리한가 나중에 하는 것이 유리한가?

활동 4 이길 수 있는 방법들을 발표해보자.

위대한 수학자

아르키메데스

고대 그리스의 수학자 · 물리학자. '아르키메데스의 원리', '구에 외접하는 원기둥의 부피는 그 구 부피의 1.5배이다'라는 정리를 발견하였다. 지렛대의 반비례 법칙을 발견하여 기술적으로 응용하였으며, 그 외의 업적으로 그리스 수학을 더욱 진전시켰다.

시칠리아 섬의 시라쿠사 출생. 천문학자 피디아스의 아들로 태어나, 젊어서부터 기술에 재능이 있어, 그가 만든 수력천상의(水力天象儀)는 극히 정밀하였다고 전해진다. 이집트에 유학 중 나선(螺旋)을 응용해 만든 양수기는 '아르키메데스의 나선식 펌프'로 불리며, 지금도 관개용 등에 쓰이고 있다. 당시 문화의 중심이던 알렉산드리아의 대(大)연구소 무세이온에서 수학자 코논(Conon: BC 260년경 활약)에게 기하학을 배우고 시라쿠사로 돌아와 많은 수학서(數學書)를 썼다. 아르키메데스에 얽힌 일화 가운데는 그가 지렛대의 원리 응용에 뛰어난 기술자였다는 사실과 관계되는 것이 많다. 지렛대의 반비례 법칙을 발견한 그는 시라쿠사 왕 히에론 앞에서 "긴 지렛대와 지렛목[支點]만 있으면 지구라도 움직여 보이겠다"고 장담하였다.

왕이 해변 모래톱에 올려놓은 군함에 무장병을 가득 태우고 이것을 물에 띄우라 하였더니, 아르키메데스는 지렛대를 응용한 도르래를 써서 이를 쉽게 해냈다. 또 하루는 왕이 갓 만든 금관을 구했는데, 그것이 위조물로 순금이 아니고 은이 섞였다는 소문을 들었다. 왕은 아르키메데스에게 명하여 그것을 감정하라고 하였다. 생각에 골몰한 아르키메데스가 우연히 목욕탕에 들어갔을 때 물속에서는 자기의 몸의 부피에 해당하는 만큼의 무게가 가벼워진다는 것을 알아냈다. 흥분한 그는 옷도 입지 않은 채 목욕탕에서 뛰어나와 "알아냈다, 알아냈다(Heurēka!, Heurēka!)"라고 외치며, 집으로 달려가 그 금관과 같은 분량의 순금덩이를 물속에서 달아 본즉 저울대는 순금덩이 쪽으로 기울어 금관이 위조품인 것을 알아냈다. 그는 이 원리를 응용하여 유명한 '아르키메데스의 원리'를 발견하였다. 즉 위조왕관에는 은이 섞여 있어 같은 무게의 순금보다도 부피가 크고 따라서 그 만큼 부력(浮力)도 커진다는 것이다.

지중해의 패권을 둘러싼 3차에 걸친 로마와 카르타고의 전쟁 중 제2차 포에니 전쟁(BC 218~BC 201) 때 시라쿠사는 카르타고의 편을 들어 로마군의 공격을 정면으로 받게 되었다. 이때, 아르키메데스는 이미 70세를 넘은 고령이었지만, 이 위기를 구하기 위하여 각종 투석기 · 기중기 등 지렛대를 응용한 신형무기를 고안하여 로마의 대군을 크게 괴롭혔다. 수년 후 시라쿠사가 함락되던 날, 그는 죽는 순간까지도 단순한 기술자가 아닌 기하학자로서의 면모를 보여주었다.

그날 아르키메데스는 뜰의 모래 위에 도형을 그리며 기하학의 연구에 몰두하고 있던 중, 다가오는 사람 그림자가 로마 병사인 줄도 모르고 "물러 서거라, 내 도형(圖形)이 망가진다"고 외쳤다. 그러나 로마 병사는 그를 몰라보고 그의 목을 쳤다.

또 만년에 죽은 뒤 건립하도록 유언된 그의 묘에는 뜻밖에도 구(球)에 외접(外接)하는 원기둥의 도형이 새겨져 있었다. 이것은 그가 고심 끝에 발견한 정리(定理) "구에 외접하는 원기둥의 부피는 그 구 부피의 1.5배이다"라는 것을 나타낸 것이었다.

–네이버 지식백과, 두산백과–

연습문제

Lesson 03

방정식

학 과	
학 번	
이 름	
제출일	

01 x에 대한 일차방정식 $4(2x+1)-2(x-1)=5x+8$의 해를 구하여라.

02 x에 대한 일차방정식 $a^2x-a=b^2x-b$의 해를 구하여라. (단, $ab\neq 0$)

03 x에 대한 일차방정식 $|x-2|+|x-3|=7$의 해를 구하여라.

04 x에 대한 이차방정식 $\frac{1}{3}x^2-\frac{1}{2}x+\frac{1}{6}=0$의 해를 구하여라.

05 x에 대한 이차방정식 $\frac{x^2+1}{4}-1=\frac{x^2-2x}{3}$의 해를 구하여라.

06 x에 대한 이차방정식 $x^2-kx+k-3=0$의 두 근이 $2-\sqrt{3}$, α일 때, 상수 k, α의 곱 $k\alpha$의 값을 구하여라.

07 유리수 a, b에 대하여 x에 대한 이차방정식 $x^2+ax+b=0$의 한 근이 $2-\sqrt{3}$일 때, a, b의 값과 다른 한 근을 구하여라.

08 x에 대한 이차방정식 $2x^2-4x-3k=0$이 허근을 갖고, 이차방정식 $x^2+5x-2k=0$이 실근을 갖도록 하는 정수 k의 개수를 구하여라.

09 x에 대한 이차방정식 $x^2-2(k-a)x+k^2+a^2-b+1=0$이 k의 값에 관계없이 항상 중근을 갖도록 하는 실수 a, b에 대하여 $a+b$의 값을 구하여라.

10 x에 대한 이차방정식 $x^2+ax+b=0$의 두 근을 α, β라 할 때, x에 대한 이차방정식 $x^2-bx+a=0$의 두 근을 $\alpha+1$, $\beta+1$이라 한다, 이때, 상수 a, b의 곱 ab를 구하여라.

11 x에 대한 이차방정식 $x^2+mx+135=0$의 두 근의 비가 $5:3$일 때, 자연수 m의 값을 구하여라.

12 x에 대한 이차방정식 $x^2-3x-2k=0$의 두 근의 차가 5일 때, 상수 k의 값을 구하여라.

13 x에 대한 이차방정식 $x^2-(a+5)x+6a=0$의 두 근이 연속인 정수일 때, 상수 a의 값을 구하여라.

14 이차방정식 $x^2-3x+6=0$의 두 근을 α, β라 할 때, $\frac{1}{\alpha}$, $\frac{1}{\beta}$을 두 근으로 하고, 이차항의 계수가 6인 x에 대한 이차방정식을 구하여라.

15 이차방정식 $x^2+2x-3=0$의 두 근을 α, β라 할 때, α^3+1, β^3+1을 두 근으로 하고, 이차항의 계수가 1인 x에 대한 이차방정식을 구하여라.

16 이차방정식 $x^2+5x+2=0$의 두 근을 α, β라 할 때, $\frac{1}{\alpha}$, $\frac{1}{\beta}$을 두 근으로 하는 이차방정식이 $2x^2+ax+b=0$이다. 이때, 상수 a, b에 대하여 $a-b$의 값을 구하여라.

17 이차방정식 $x^2+(a-2)x+a-3=0$의 두 실근의 절댓값이 같고 부호가 반대일 때, 실수 a의 값을 구하여라.

19 이차방정식 $x^2+xy-2y^2-3x+6y-k=0$의 그래프가 두 직선을 나타낼 때, 상수 k의 값을 구하고 두 직선의 방정식을 구하여라.

18 지면으로부터 60m 높이에서 위로 던진 공의 t초 후의 지면으로부터의 높이를 S(m)라 하면 $S=60+20t-5t^2$이 된다고 한다. 이 공이 지면에 떨어질 때까지 걸린 시간은 몇 초인지 구하여라.

20 가로의 길이가 10m, 세로의 길이가 5m인 직사각형의 모양의 운동장을 가로와 세로의 길이를 각각 xm 늘였더니 그 넓이가 원래 운동장의 넓이의 3배가 되었다고 한다. 이때, x의 값을 구하여라.

성찰일지

Lesson 03

방정식

학번 : ____________________

학과 : ____________________

이름 : ____________________

단원 테스트

학번 : ______________________

학과 : ______________________

이름 : ______________________

1. 다음 일차방정식을 풀어라.

$2(5x-1)=7x+1$

2. 다음 이차방정식을 풀어라.

$5x^2-32x+12=0$

3. 이차방정식 $x^2+7x-3=0$의 두 근을 α, β라 할 때, $\alpha^2+\beta^2$의 값을 구하여라.

4. 다음 삼차방정식을 풀어라.

$x^3-3x+2=0$

5. 다음 연립 방정식을 풀어라.

$$\begin{cases} x+2y=7 \\ 2x-y=-1 \end{cases}$$

Lesson 04

부등식

Inequalities

학습목표

부등식 단원에서는 부등식의 개념을 이해하고 일차부등식과 이차부등식의 해법 그리고 연립부등식과 절대부등식을 학습하는 단원이다. 따라서 각 파트별로 부등식을 푸는 방법을 잘 파악하여 주어진 부등식을 정확하게 풀 수 있도록 하는 것이 이 단원의 목표이다.

"문외한들의 비이성적 생각과 달리 수체계의 선택은 단지 약속의 문제이다. -파스칼"

"문제를 풀고 나서 풀이가 아름답지 않다면 나는 그 답이 틀렸다는 것을 안다. -퓰러"

"물리문제를 풀어본 사람이라면 누구나 수학의 예측력과 설명력에 놀람을 감추지 못한다. -아서 밀러"

"법칙이 없다는 법칙만 빼면 법칙은 없다. -휠러"

"보라, 신비가 수학을 향해 날갯짓하는 것을! -포프"

부등식의 어원

부등식이란 두 수 또는 두 식의 관계를 부등호로 나타낸 식을 말한다.

부등식 용어의 어원은 부등식이라는 말을 문자 그대로 해석한다면 등식 $a=b$의 부정인 $a \neq b$형인 식을 말한다. 그러나 일반적으로는 순서집합 특히 실수의 집합에 속하는 2개의 원소 a, b를 대소의 순서관계를 나타내는 이른바 부등호 $<$, $\leq$, $>$, $\geq$로 연결한 순서관계를 나타내는 식 $a<b$, $a \leq b$, $a>b$, $a \geq b$를 가리킨다. 따라서 이러한 의미에서의 부등식은 오히려 대소식이나 순서식이라 하는 것이 옳지만 관례상 부등식이라는 용어가 쓰인다.

등식에서는 항등식, 방정식이 있듯이 부등식도 모든 실수에 대해서 성립하는 절대부등식, 어떤 부분집합에 대해서만 성립하는 조건부 부등식 등이 있고 특히 절대부등식은 해석학에서 수렴의 증명이나 오차의 평가 등에 널리 이용되어 왔다. 우리가 잘 알고 있는 코시-슈바르츠의 부등식이나 산술기하평균 등도 절대부등식 중의 하나이다.

미적 체험을 활용한 스토리텔링 수학

보티첼리의 비너스의 탄생 (피렌체 우피치 미술관)

예술적 호기심

1. 이 그림에 나오는 신은 어떤 신인가?
2. 비너스 조개 아래 부글거리는 것은 거품일까 파도일까?
3. 위쪽 남자가 입으로 바람을 부는 이유는 무엇일까?
4. 비너스 몸의 구도적 특이점에 대해서 이야기해보자.
5. 색채에 대해서 느낀 점을 이야기해보자.

수학적 호기심

6. 비너스의 얼굴과 몸길이를 재어보자.
7. 비너스는 몇 등신인가?
8. 지금의 여러 스타들과도 길이 비를 비교하여보자.
9. 비너스는 현대에도 미인의 기준에 해당할 수 있을까?
10. 그림 속 수학적 내용을 찾아 이야기해보자.

논리추론 문제

소를 최대한 많이 팔아라!

상황

어느 날 송아지를 150마리를 키우고 있는 소년이 있었다. 소년은 열심히 송아지를 돌보며 키웠고 드디어 모든 송아지들이 소가 되어 소시장에 팔려 가게 되었다. 소년은 소를 최대한 많이 팔아서 사고 싶었던 집을 장만할 예정이라 들뜬 마음으로 소들을 몰고 멀리 떨어져 있는 소시장을 향했다.

사건

소시장에 다 와갈 때쯤 소년은 배를 타지 않으면 건널 수 없는 깊고 폭이 넓은 강을 만나게 되었다. 이 강만 건너서 조금만 더 가면 소시장이고 소를 팔 수가 있는데 강이 가로막고 있는 것이다. 그러나 다행히 강 입구에는 큰 배가 한 척 있었고 소를 모두 실을 수 있을 정도로 배가 크고 넓었다. 소년은 뱃사공에게로 가서 상황을 설명하고 배를 태워줄 것을 부탁했다. 그러자 뱃사공은 이렇게 말했다. “소년아 너는 그냥 공짜로 태워주마. 그런데 소는 강을 건너는 값을 좀 받아야겠구나.” 그러자 소년은 “그럼 소가 강을 건너는 값으로 얼마나 드리면 되죠?”라고 물었고 뱃사공은 “내가 건너게 해준 소의 반을 뱃삯으로 다오”라고 대답했다. 소년은 너무 어이가 없었다. 그 말대로라면 10마리를 건너게 해주면 5마리는 뱃사공에게 주어야 한다는 말이었다.

문제

자 여기서 문제. 과연 소년은 무사히 강을 건너서 최대한 소를 몇 마리나 팔 수 있었을까?

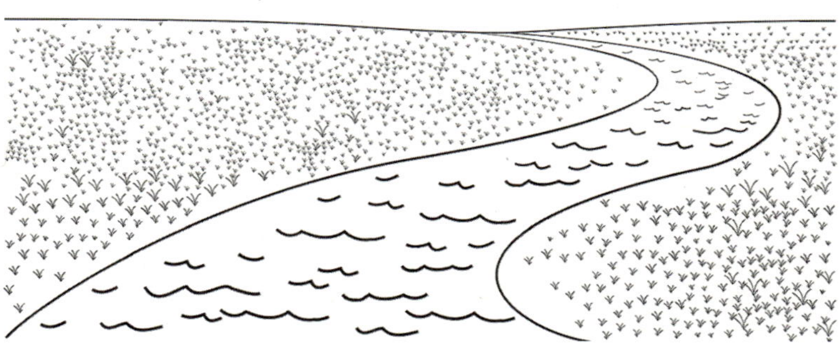

부등식이란 용어는 수학에서뿐만 아니라 여러 칼럼이나 기사에서 찾아볼 수 있다.

금융 산업의 '생존 부등식'

주지하다시피 기업들은 시장경제 내에서 고용을 창출하고 세금을 납부하며, 투자를 하고 이윤을 낸다. 기업이 지속적으로 기업 활동을 하는 경우 임금에 대한 소득세가 걷히고 이윤에 대한 법인세가 납부된다. 정부는 이 세금을 다양한 용도에 사용할 수 있으니 일석이조, 일석삼조의 상황이 된다. 기업이 지속되고 성장하기 위해서는 수많은 요소가 필요하지만 가장 기본적인 것 중에 소위 '생존 부등식'으로 불리는 중요한 관계가 있다. 제품의 가격이 100이라 하자. 누가 이 제품을 사들이는가. 바로 이 제품의 가치를 100보다 높게 평가하는 소비자들이다. 예를 들어 소비자 A가 이 제품의 가치를 150으로 평가하고 소비자 B는 90으로 평가한다면 A만 이 제품을 사들인다. '가치>가격'이 돼야 제품이 팔리는 것이다. 경제학적으로는 이 차이를 '소비자 잉여'라고 부르는데 소비자 잉여가 플러스인 소비자가 해당 제품을 사들이게 된다.

또 하나의 관계는 생산비용에 관한 부분이다. 기업은 해당 제품을 100보다 낮은 비용에 만들어야 이윤을 창출할 수 있다. 예를 들어 가격이 100이면 생산비용은 80으로 '가격>비용'이 성립해야 한다. 이제 정리해보자. 기업은 150의 가치가 있는 제품을 100에 팔되 생산비용은 80 수준으로 유지해야 한다. 팔기 위해서는 '가치 · 가격'이 필요하고, 이윤을 내기 위해서는 '가격 · 비용'이 필요하다. '가치>가격>비용'이 생존 부등식으로 불리는 이유다.

(중략)

–충청신문 오피니언 칼럼–

이와 같이 부등식이란 단어는 여러 분야에서 크기나 가치를 비교할 때 많이 쓰는 일상용어이다.

부등식

1 부등식의 정의

1) **부등식** : 부등호 $>$, $<$, $\geq$, $\leq$를 사용하여 두 수 또는 두 식의 대소 관계를 나타낸 식을 **부등식**이라 한다.

2) **부등식의 해** : 미지수 x에 대한 부등식에서 그 부등식을 만족시키는 x의 값을 그 **부등식의 해**라 하고, 해 전체의 집합을 그 **부등식의 해집합**이라 한다.

3) **부등식의 기본 성질** : a, b, c가 실수일 때,

① $a>b$, $b>c$이면 $a>c$

② $a>b$이면 $a+c>b+c$, $a-c>b-c$

③ $a>b$, $c>0$이면 $ac>bc$, $\frac{a}{c}>\frac{b}{c}$

$a>b$, $c<0$이면 $ac>bc$, $\frac{a}{c}<\frac{b}{c}$

④ $a>b>0$이면 $\frac{1}{a}<\frac{1}{b}$

$0>a>b$이면 $\frac{1}{a}<\frac{1}{b}$

2 일차부등식

(1) 부등식 $ax>b$의 해

1) $a>0$일 때, $x>\frac{b}{a}$이다.

2) $a<0$일 때, $x<\frac{b}{a}$이다.

3) $a=0$일 때, $\begin{cases} b\geq 0 \text{ 이면 해는 없다.} \\ b<0 \text{ 이면 해는 모든 실수} \end{cases}$

개념문제

※ $a<b$일 때, 다음 안에 알맞은 부등호를 써넣어라.

1 $a+3$ □ $b+3$

2 $-a-5$ □ $-b-5$

3 $\frac{1}{5}a+7$ □ $\frac{1}{5}b+7$

4 $-\frac{a}{7}$ □ $-\frac{b}{7}$

※ 다음 부등식을 풀어라.

5 $3x+2\geq 11$

6 $-2x+3>7$

해답

1 $<$	2 $>$
3 $<$	4 $>$
5 $x\geq 3$	6 $x<-2$

(2) 절댓값을 포함한 일차부등식 : $(a>0)$

1) $|x|<a \Rightarrow -a<x<a$

2) $|x|>a \Rightarrow x<-a$ 또는 $x>a$

3) $a<|x|<b \Rightarrow -b<x<-a$ 또는 $a<x<b$

3 이차부등식

그래프를 그려서 해결한다.

1) $(x-\alpha)(x-\beta)>0$ (단, $\alpha<\beta$)

$\Rightarrow x<\alpha$ 또는 $x>\beta$

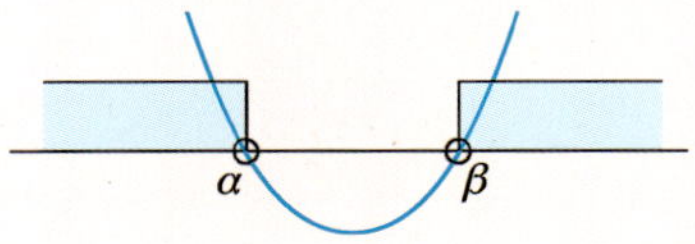

2) $(x-\alpha)(x-\beta)<0$ (단, $\alpha<\beta$)

$\Rightarrow \alpha<x<\beta$

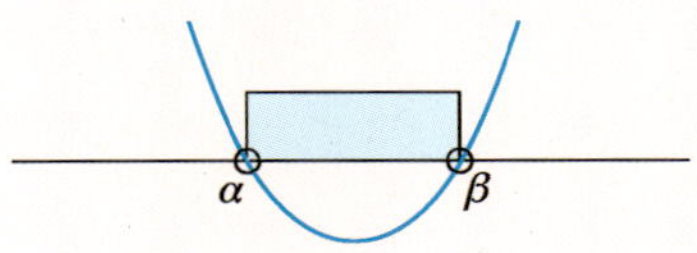

3) $(x-\alpha)^2 \ge 0 \Rightarrow x$는 모든 실수

4) $(x-\alpha)^2>0 \Rightarrow x \neq \alpha$인 모든 실수

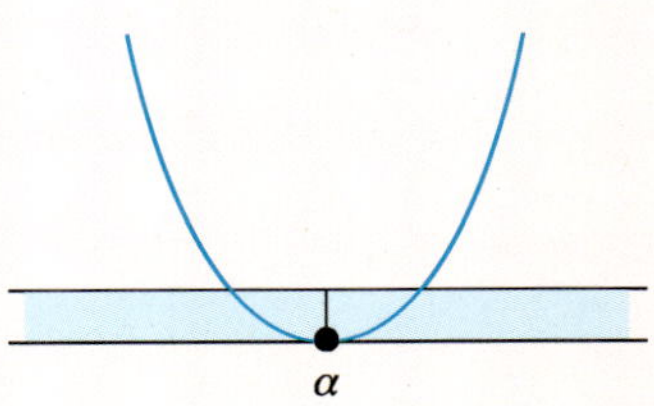

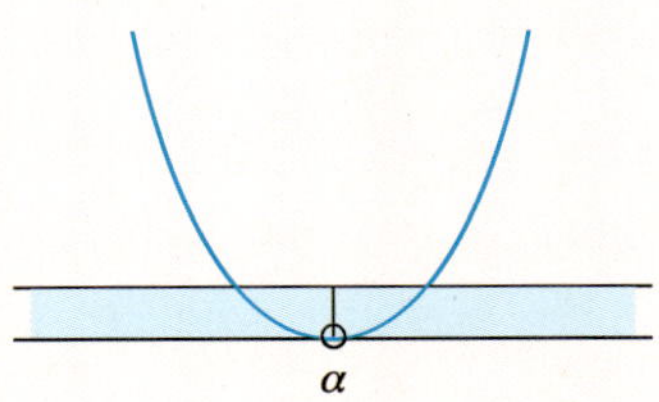

개념문제

※ 다음 부등식을 풀어라.

7 $|x| \le 4$

8 $|x-3|<5$

9 $|2x-5| \ge 3$

10 $|x-1|+|x-2|<3$

※ 다음 이차부등식을 풀어라.

11 $(x+7)(x-3)>0$

12 $x^2-2x-35<0$

13 $x+6 \ge x^2$

14 $x(x+1) \ge x+1$

해답

7 $-4 \le x \le 4$ 8 $-2<x<8$
9 $x \le 1$ 또는 $4 \le x$
10 $0<x<3$
11 $x<-7$ 또는 $3<x$
12 $-5<x<7$ 13 $-2 \le x \le 3$
14 $x \le -1$ 또는 $1 \le x$

5) $(x-\alpha)^2 \leq 0 \Rightarrow x=\alpha$

6) $(x-\alpha)^2 < 0 \Rightarrow$ 해가 없다.

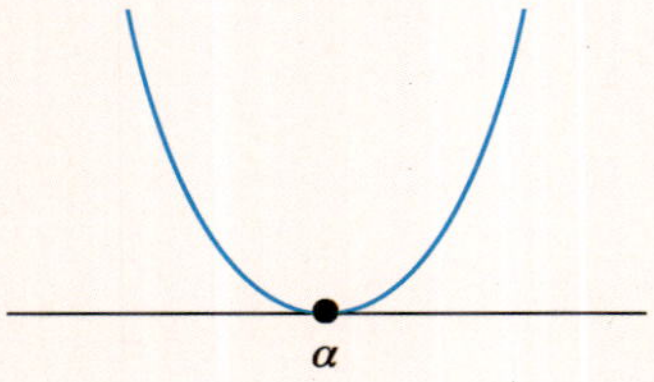

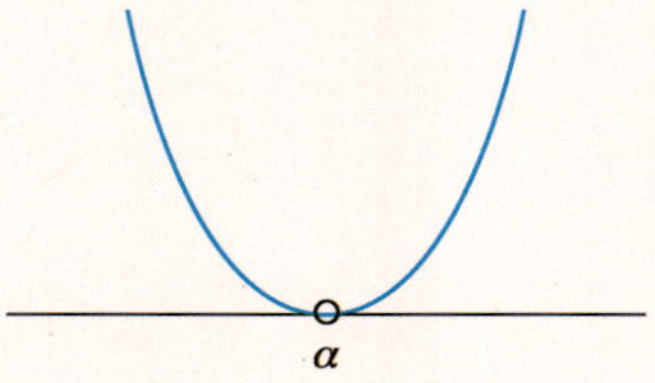

4 연립부등식

두 개 이상의 부등식을 동시에 만족시키는 변수의 값을 구하는 것을 **연립부등식을 푼다**고 하고, 각 부등식을 풀어 해를 구하고, 각 해의 공통부분을 수직선을 이용하여 구하면 된다.

5 연립이차부등식

(1) 연립부등식에서 차수가 가장 높은 부등식이 이차부등식인 연립부등식의 풀이

$\Rightarrow$ 각각의 부등식을 풀어 공통부분(교집합)을 구한다.

> **위성 안테나가 둥근 이유는?**
>
> 이차함수의 모양은 아래로 볼록 또는 위로 볼록인 모양을 하고 있는데 U자 모양의 안쪽 부분과 바깥 부분으로 나눌 수 있다. U자 모양의 안쪽 방향으로 빛을 쏘면 반드시 한 정점, 즉 초점에 빛이 모인다. 이 성질을 이용한 것이 바로 안테나이다. 안테나가 둥그렇게 생긴 것은 빛을 모으기 위한 것이고 초점에 모인 부분에 뭔가 신호를 받아들이는 물체가 위치하는데 그곳이 초점이 위치한 곳이라고 한다. 고대 그리스에서도 아르키메데스가 엄청나게 큰 이차함수 모양의 거울을 만들어서 초점을 적 진영으로 맞추어서 초점 안에 있던 적진이 다 불타버렸다는 전설도 있다.

개념문제

※ 다음 연립부등식을 풀어라.

15 $\begin{cases} 2x > -4 \\ -5 \leq x-1 \leq 6 \end{cases}$

16 $-x+1 < 2x < x+3$

17 $\begin{cases} x^2-9<0 \\ x^2-2x-8 \geq 0 \end{cases}$

18 $\begin{cases} 2x^2-5x+2 \geq 0 \\ 2x^2-3x-5 \leq 0 \end{cases}$

해답

15 $-2<x<7$　　16 $\frac{1}{3}<x<3$

17 $-3<x\leq -2$

18 $-1 \leq x \leq \frac{1}{2}$ 또는 $2 \leq x \leq \frac{5}{2}$

(2) $f(x) < g(x) < h(x)$ 꼴의 연립부등식의 풀이

$\Rightarrow$ 부등식 $f(x) < g(x) < h(x)$는 연립부등식 $\begin{cases} f(x) < g(x) \\ g(x) < h(x) \end{cases}$로 나타낸 후 각각의 부등식을 풀어 공통부분(교집합)을 구한다.

6 절대부등식

1) $a^2 - 2ab + b^2 \geq 0$ (단, 등호는 $a = b$일 때 성립)

2) $a^2 + b^2 + c^2 - ab - bc - ca \geq 0$
(단, 등호는 $a = b = c$일 때 성립)

3) **산술평균 · 기하평균 · 조화평균** : $a > 0,\ b > 0,$
$\dfrac{a+b}{2} \geq \sqrt{ab} \geq \dfrac{2ab}{a+b}$ (등호는 $a = b$일 때 성립)

4) **코시-슈바르츠의 부등식**
$(a^2 + b^2)(x^2 + y^2) \geq (ax + by)^2$
(등호는 $ay = bx$일 때 성립)

하루가 24시간인 이유는 무엇일까?

하루는 24시간으로 되어 있다. 우리는 왜 하루를 하필 24시간으로 나누었던 것일까? 예를 들면 원을 10조각으로 나누려고 해도 한 번 자르면 2조각이 되고 4조각 8조각 16조각으로 돼서 예전에는 10등분이 쉬운 일은 아니었을 것이다. 수학적으로도 원의 360도를 10등분한다는 것은 36도를 작도해야 하는데 당시 수학적 기술로는 불가능하였다. 그래서 10과 가까운 숫자를 찾고 또 2와 5로밖에 나누지 못하는 10의 단점을 보완하다 보니 여러 가지 수로 많이 나누어지는 12라는 수를 선택하게 되었다. 실제로 60도나 30도는 피타고라스가 발견한 법칙으로도 손쉽게 작도가 가능해서 낮 12 밤 12를 더해서 24시간을 사용하게 되었다고 한다.

개념문제

19 $a > 0,\ b > 0$일 때, 다음의 최솟값을 구하여라.
$\dfrac{4a}{b} + \dfrac{9b}{a}$

20 $a^2 + b^2 = 4$이고, $x^2 + y^2 = 9$일 때, $ax + by$의 최대, 최솟값을 구하여라.

해답
19 12
20 최댓값 : 6, 최솟값 : -6

수학 토론 및 팀 활동

① 100점짜리 비전을 제시하라!

우리가 성공을 위해서 노력해야 할 요건에는 어떤 것이 있을까?

비전이 없는 삶은 무의미한 삶이다. 우리 모두는 각자 자기만의 신념이 담겨 있는 비전을 가지고 열심히 노력해야 한다.

여기 암호문이 하나 있다.

A	B	C	D	E	F	G	H
1	2	3	4	5	6	7	8
I	J	K	L	M	N	O	P
9	10	11	12	13	14	15	16
Q	R	S	T	U	V	W	X
17	18	19	20	21	22	23	24
Y	Z	예 D=4, P=16, T=20					
25	26						

알파벳이 자연수와 순서에 따라 하나씩 대응되어 있다.

자, 우리의 비전을 숫자에 대응시켜 합해서 100점짜리 비전을 제시해보자.

예를 들어 나의 비전은 꿈(dream)이라고 생각한다면 $D=4$, $R=18$, $E=5$, $A=1$, $M=13$에 대응한다. 이 숫자들의 합은 $4+18+5+1+13=41$이므로 이 비전은 41점짜리 비전이다.

다른 예로 자신감(confidence)이 비전이라고 생각해보자.

$C=3$, $O=15$, $N=14$, $F=6$, $I=9$, $D=4$, $E=5$, $N=14$, $C=3$, $E=5$에 대응한다.

따라서 합은 $3+15+14+6+9+4+5+14+3+5=78$이므로 78점짜리 비전이다.

그런데 지능(intelligence) 같은 비전은 $I=9$, $N=14$, $T=20$, $E=5$, $L=12$, $I=9$, $G=7$, $E=5$, $N=14$, $C=3$, $E=5$이고 $9+14+20+5+12+9+7+5+14+3+5=104$이므로 100을 넘어서 제시할 수 없는 비전이다.

활동 조별로 100점은 넘지 않되 100에 가까운 높은 점수의 비전을 제시해보자.

② 이차부등식의 해법을 찾아서!

일차부등식과는 다르게 이차부등식은 그 해의 범위가 일차부등식보다는 조금 복잡하게 나온다.

일차부등식은 $x \leq 1$ 이렇게 나오거나 또 $-1 > x$ 이런 식으로 해가 단순하지만 이차부등식은 그 해의 꼴이 $-1 \leq x \leq 5$, 또는 $x < -3$ 또는 $4 < x$ 심지어는 부등식의 해가 $x = 1$ 이렇게 방정식처럼 나오기도 한다. 또 특이한 경우 해가 무수히 많다 또는 해가 없다의 경우도 발생한다. 이렇듯 다양한 형태의 이차부등식에 대해서 그 해법을 찾아보자.

활동 1 이차부등식을 푸는 방법을 판별식의 부호에 따라서 분류하여 팀별로 설명해보자.

활동 2 이차부등식을 이차함수의 그래프와 연계해서 판별식에 따라서 왜 해가 그렇게 나오는지 팀별로 토론하고 발표해보자.

활동 3 해가 없거나 해가 무수히 많은 경우는 어떤 경우인지 팀별로 토론하고 발표해보자.

위대한 수학자

페르마

프랑스의 수학자. 17세기 최고의 수학자로 손꼽힌다. 근대의 정수 이론 및 확률론의 창시자로 알려져 있고, 좌표기하학을 확립하는 데도 크게 기여하였다.

1601년에 툴루즈 근처 보몽드로마뉴(Beaumont-de-Lomagne)에서 부유한 피혁 상인의 아들로 태어났다. 원래는 법학을 공부하여 변호사가 되었고, 30세에는 툴루즈의 청원위원(請願委員)이 되었으며, 이어 1648년부터는 툴루즈 지방의회의 칙선의원(勅選議員)이 되어 생애를 마칠 때까지 그 직에 종사하였다. 수학을 취미로 하는 아마추어 수학자였으나 여러 방면에 획기적인 업적을 남겼으므로, 17세기 최고의 수학자로 손꼽힌다. 근대의 정수 이론 및 확률론의 창시자로 알려져 있고, 좌표기하학을 확립하는 데도 크게 기여하였으며 나중에 아이작 뉴턴(Isaac Newton)이 미적분학에 응용하였던 극댓값과 극솟값을 결정하는 여러 가지 방법을 창안하였다.

데카르트, 메르센 등과 서간을 통하여 연구 성과를 통보하였으며 생전에는 그 연구 내용을 공간(公刊)하지 않았다. 또 이 서간은 결론으로서 얻어진 정리(定理)만을 표시하고, 증명방법을 풀이하지 않았기 때문에 후대의 수학자에게 많은 과제를 남기게 되어 수학 발전에 큰 영향을 끼쳤다. 그 연구 성과 가운데 우선 미적분(微積分)에 관한 업적을 들 수 있다. 연속곡선(連續曲線)에 접선(接線)을 긋는 방법으로서 제기된 이 문제를 페르마는 '극값[極値]의 문제'로 유도하여 미분의 개념에 도달시킨 것이며, 미적분학의 창시자로 일컬어지는 뉴턴이나 라이프니츠가 태어나기 10여 년 전에 이런 성과가 얻어진 점은 주목할 만하다.

연구 활동 중 가장 두드러진 것은 정수론(整數論) 분야이다. 디오판토스의 수론서(數論書)에 자극되어 관여하게 된 이 분야에서는 소수수열(素數數列: 페르마형 소수)의 추측에서 시작하여, 페르마의 대정리($np-n$의 정리), $4n+1$형 소수에 관한 제곱수[平方數]의 합의 정리, $n=2$의 디오판토스방정식의 해답의 정리 등에서 이른바 '최후의 정리'에 이르기까지, 뛰어난 통찰력이 발휘되어 정수론 연구사상 커다란 전기가 되었다.

페르마가 발견하고 스스로 증명하였다고 하는 정리를 증명하는 데 상금까지 붙고 후년의 수학자들이 많은 노력을 기울이면서 정수 이론은 많이 발전하게 되었다. 영국의 수학자이자 미국 프린스턴 대학교 교수인 앤드루 와일스(Andrew Wiles)는 1993년 6월 23일 영국 뉴턴 연구소에서 행한 강연 중 이 정리의 증명을 제시하였으며, 그 뒤 발견된 결함은 자신의 제자이자 케임브리지 대학교 교수인 리처드 테일러(Richard Taylor)와의 공동연구로 1994년 10월 보완하였다. 그 내용이 1995년 《수학연보(Annals of Mathematics)》에 발표되어, 페르마의 '최후의 정리'는 공식적으로 증명되었다.

-네이버 지식백과, 두산백과-

연습문제

Lesson

04

부등식

학 과	
학 번	
이 름	
제출일	

01 $-1 \le x \le 5$일 때, $2x-1$의 최댓값과 최솟값의 합을 구하여라.

02 부등식 $ax+1 \ge 2x+3$의 해가 $x \ge 1$일 때, 상수 a의 값을 구하여라.

03 x에 대한 부등식 $a^2x-a \le 4x-2$의 해가 없을 때, 상수 a의 값을 구하여라.

04 부등식 $3|x-2| \le x$를 만족시키는 정수 x값들의 합을 구하여라.

05 부등식 $|x+1|+|2-x|>5$의 해를 구하여라.

06 x에 대한 이차부등식 $2x^2+ax+b<0$의 해가 $\frac{1}{2}<x<4$일 때, 실수 a, b의 값을 구하여라.

07 $x^2+2x-15 \le 8x+1 < x^2+8$에서 해의 범위를 구하여라.

08 x에 대한 이차부등식 $x^2-kx+k>0$이 모든 실수 x에 대하여 성립하도록 실수 k의 값의 범위를 정하여라.

09 연립부등식 $\begin{cases} x^2-4x-5 \le 0 \\ -x^2+2x+3<0 \end{cases}$ 의 해가 $\alpha < x \le \beta$일 때, $\alpha+\beta$의 값을 구하여라.

10 연립부등식 $\begin{cases} x^2-3x-4<0 \\ x^2-(a+3)x+3a \le 0 \end{cases}$ 의 해가 $-1 < x \le 3$일 때, 실수 a의 최댓값을 구하여라.

11 $ax^2+bx+c>0$의 해가 $-1-\sqrt{5}<x<-1+\sqrt{5}$일 때, $cx^2-2bx-a<0$의 해는?

12 부등식 $|x-k| \le 3$을 만족하는 x의 값 중에서 최댓값과 최솟값의 곱이 9일 때, 양수 k의 값을 구하여라.

13 이차부등식 $16x^2-8x+1 \leq 0$의 해를 구하여라.

14 양수 a, b에 대하여 $ab=25$일 때, $a+b$의 최솟값을 구하여라.

15 $a>0$, $b>0$일 때, $\frac{8b}{a}+\frac{2a}{b}$의 최솟값을 구하여라.

16 양수 a, b, c에 대하여 $a+b+c=27$일 때, abc의 최댓값을 구하여라.

17 a, b, x, y가 실수이고 $a^2+b^2=9$, $x^2+y^2=4$일 때, $ax+by$의 최댓값과 최솟값의 곱을 구하여라.

18 $3x+4y=5$일 때, x^2+y^2의 최솟값을 구하여라.

19 $x^2+y^2=5$일 때, $x+3y$의 최댓값을 구하여라.

20 실수 x, y, z에 대하여 $x^2+y^2+z^2=6$일 때, $x+\sqrt{2}y+\sqrt{3}z$의 최댓값을 M, 최솟값을 m이라 할 때, Mm의 값을 구하여라.

성찰일지

Lesson 04

부등식

학번 : ____________________

학과 : ____________________

이름 : ____________________

단원 테스트

학번 : ____________________

학과 : ____________________

이름 : ____________________

1. 다음 부등식을 풀어라.

$5x-1 \leq 2x+5$

2. 다음 부등식을 풀어라.

$|x+3| < 4$

3. 다음 이차부등식을 풀어라.

$x(x-5) \leq -6$

4. 다음 연립부등식을 풀어라.

$$\begin{cases} 3x+2 < 8 \\ 2(x+1) \geq -4 \end{cases}$$

5. 다음 연립부등식을 풀어라.

$$\begin{cases} x^2-16 < 0 \\ x(x-5) \leq 0 \end{cases}$$

Lesson 05

함수

Functions

학습목표

함수 단원은 함수의 개념을 이해하고 **함수의 그래프 및 함수의 종류, 합성함수, 역함수**에 대해서 학습한다. 그리고 **일차 이차함수**를 통해서 **최대 최솟값**과 **방정식과의 관계**에 대해서도 학습한다. 그래서 함수의 의미를 잘 파악하여 여러 가지 차수의 함수에 대한 문제 해결능력을 기르는 것이 이 단원의 목표이다.

함수의 정의

함수의 정의에 대해서 알아보자. 함수는 두 집합 정의역 X와 공역 Y 사이에서 집합 X의 각 원소 x에 집합 Y의 원소 y가 오직 하나만 대응하는 규칙을 X에서 Y로의 함수라고 한다. 여기서 중요한 함수의 성립 기준은 '반드시' 그리고 '하나만'을 만족해야 한다는 것이다. 다시 말해서 대응하는 원소가 없거나 또는 하나가 아닌 여러 곳에 대응되는 것은 함수라고 할 수 없다.

"수가 신이다. 그렇지 않다면 석가모니도 예수도 신이 아니다.
-무명수학자"

"수는 한때 종교와 철학의 기초였고 숫자의 기교는 잘 믿는 사람들에게 큰 효과를 가져왔다.
-파커"

함수의 예시

여기에 함수의 좋은 예를 들어보면 음료수 자판기를 들 수 있다. 커피, 콜라, 주스를 뽑을 수 있는 자판기가 있다고 하자. 자판기에 돈을 넣고 커피, 콜라, 주스라고 쓰인 버튼을 누르면 해당음료가 나온다. 즉 버튼 하나하나를 정의역 X라고 한다면 해당음료들은 공역 Y에 비유할 수 있다. 만약에 버튼을 눌렀는데 음료가 안 나오거나 아니면 여러 개의 음료가 나온다면 자판기는 고장이 난 것으로 볼 수 있다. 이렇게 고장 난 자판기는 함수가 될 수 없다.

또 하나 생활 속 함수의 예로써 사다리 타기를 들 수 있다.

친구들끼리 자주하는 사다리 타기를 분석해 보면 각자 하나씩 이름에서 시작하여 도착지점에서 각 출발지점까지 대응을 해보면 서로 다른 곳에 하나씩 반드시 도착하게 된다. 즉 사다리 타기도 함수의 대응 관계로 볼 수 있다.

그러면 함수가 될 수 있는지 없는지 구분하는 예를 들어보자.

먼저 어떤 사람과 그 사람의 지문은 함수 관계일까?

각 사람의 지문은 고유 모양을 하고 있다. 따라서 한 사람 x를 정하면 그 사람의 지문 y가 유일하게 하나 정해진다. 반드시, 하나만을 만족하는 대응이므로 함수 관계로 볼 수 있다.

그러면 어떤 사람과 그 사람의 취미는 함수 관계일까?

취미가 딱 하나뿐인 사람도 있겠지만 취미가 여러 개이거나 또는 취미가 없는 사람도 있을 것이다. 즉 반드시, 하나만을 만족하지 못하는 대응 관계이므로 함수라고 볼 수 없다.

미적 체험을 활용한 스토리텔링 수학

프리드리히의 바다 위의 월출 (에르미타주 미술관)

예술적 호기심

1. 이 그림을 보고 처음 든 느낌은 무엇인가?
2. 이 그림의 색깔에 대해서 이야기해보자.
3. 이 그림의 시간적 배경은 언제일까?
4. 이 그림의 구도적 특징에 대해서 이야기해보자.
5. 이 그림은 어떤 상황을 표현하려고 한 것일까?

수학적 호기심

6. 빛과 구름이 만나는 경계선의 모양은 어떠한가?
7. 빛과 구름의 경계선의 각도를 재어보자.
8. 그림에서 사람 수에 대해서 수학적으로 이야기해보자.
9. 그림에 나오는 물체와 그 수에 대해서도 이야기해보자.
10. 이 그림을 함수 단원에 연계해서 의미를 설명해보자.

논리추론 문제 곰의 색깔은 무엇일까?

상황

어느 날 곰 사냥꾼이 사냥을 하기 위해서 사냥 채비를 하고 집을 나섰다. 사냥꾼은 나침반을 보며 사냥을 했는데 집을 나서서 남쪽으로 1킬로미터쯤 왔을 때 드디어 곰을 발견했다. 사냥꾼은 동쪽으로 도망치는 곰을 동쪽으로 1킬로미터 정도 추격한 끝에 곰을 잡을 수 있었다. 곰을 잡은 사냥꾼은 잡은 곰을 들고 북쪽으로 1킬로미터를 와서 처음 나섰던 집으로 들어갔다.

문제

자 여기서 문제. 좀 엉뚱한 질문일 수 있지만 절대 난센스는 아니다. 사냥꾼이 잡은 곰의 색깔은 무엇일까?

기사를 읽다보면 종종 수학용어인 함수가 사용되는 것을 볼 수 있다. 기사들에 언급된 함수의 예를 살펴보자.

스포츠 종목과 인종 간의 어떤 함수(?) 관계가 있는지 생각해봅니다.

스포츠에 있어서 흑인 또는 유사인종들의 위력이 대단합니다.
농구, 복싱, 미식축구, 야구, 육상 단거리 및 장거리 등 많은 종목에서...
그들의 운동 능력은 매우 뛰어남을 볼 수 있습니다.
그런데 일부 종목에서는 흑인들이 거의 힘을 못 쓰는 경우를 볼 수 있는데요.
예를 들면… 테니스의 경우 흑인 선수들이 거의 없습니다. 극소수입니다. (중략)
아무튼 세상이 바뀐 지 오래 되어… 흑인에 대한 장벽이나 유능한 자질에 대한 금전적인 투자도 하는 세상이라고 볼 때... 아직도 흑인들이 맥을 못 추는 종목들이 있는 것과… 또한 양궁, 배드민턴, 탁구, 쇼트 트랙 같은 종목에서 발군의 실력을 보이는 황인종… 백인들이 강세인 수영, 육상의 필드 경기 등에서의 활약 등을 볼 때… 스포츠에서 인종과 경기 종목간의 어떤 함수(?) 관계가 있는 것은 아닌지… –스포츠신문–

가정폭력과 학교폭력의 함수 관계는?

가정폭력은 당사자들도 힘들지만 가족은 물론 주변 사람들에 심각한 악영향을 미친다. 특히, 자라나는 아이들에게는 학교폭력으로 연결되고 장차 성인이 되어서는 심각한 사회적 범죄자가 될 수 있다는 것이다.
이렇듯 자라나는 청소년들의 가정폭력 노출경험이 학교폭력 발생의 중요한 요인으로 작용하고 있고 정부에서는 4대 사회악(社會惡)으로 선정, 적극적으로 대응하고 있다.
가정이 파괴되면 아이들은 가출과 범죄의 늪으로 빠지게 된다. 최근 사회적으로 문제가 되고 있는 가출청소년들이 집단을 이루어 생활하는 '가출 팸'과 같은 신종어도 생겨나고 있는데, 이들 청소년들은 각종 범죄행위는 물론 보호자에게 인계를 하려고 해도 거부하거나 청소년쉼터에 인계를 해도 적응하지 못하고 가출을 반복하고 있다. (중략)
가정폭력의 가해자, 피해자를 떠나서 경계해야 할 부분이 "부모는 자녀들에게 비추는 거울이다"라는 말이 있듯이 건강한 부부가 건강한 자녀들을 길러 내는 것이 순리이듯이 건강한 가정이 곧 학교폭력을 없애고 나아가서는 건강한 사회 환경 조성에 초석이 될 것이다.
마지막으로 같은 시대를 살아가는 사회구성원으로서 이웃에 대한 나의 관심은 어느 정도인지 다시 한 번 생각해볼 때이다. 내 주변에 가정폭력으로 괴로워하는 이웃은 없는지 학대받고 있는 아동은 없는지 관심을 부탁드린다. –남도일보–

이 기사들에 언급된 함수는 두 가지 요소에 대한 대응 관계로 설명하고 있음을 알 수 있다.

함수

1 함수

(1) 함수의 정의

두 집합 X와 Y 사이에 어떠한 관계가 정해졌을 때, 집합 X의 원소에 집합 Y의 원소를 맺어주는 것을 집합 X에서 집합 Y로의 **대응**이라 한다.

예를 들어 $X=\{2,\ 3\}$, $Y=\{2,\ 3,\ 5,\ 6\}$에서 X의 각 원소 x에 Y의 원소 y를 $y=2x-1$인 관계에 의하여 대응시키면 다음 그림과 같다.

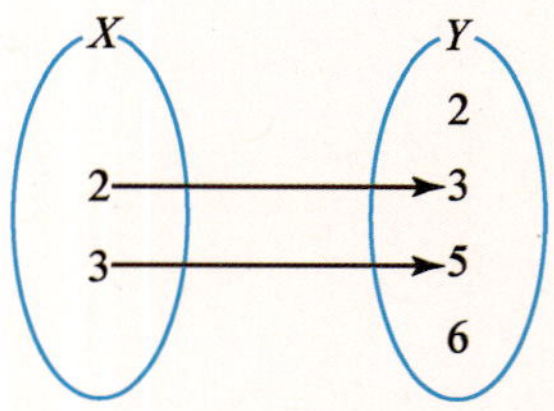

집합 X의 각 원소 x에 집합 Y의 원소 y가 오직 하나만 대응하는 규칙을 **X에서 Y로의 함수**라 하고, 기호로 다음과 같이 나타낸다.

$$f : X \to Y \quad \text{또는} \quad X \xrightarrow{f} Y$$

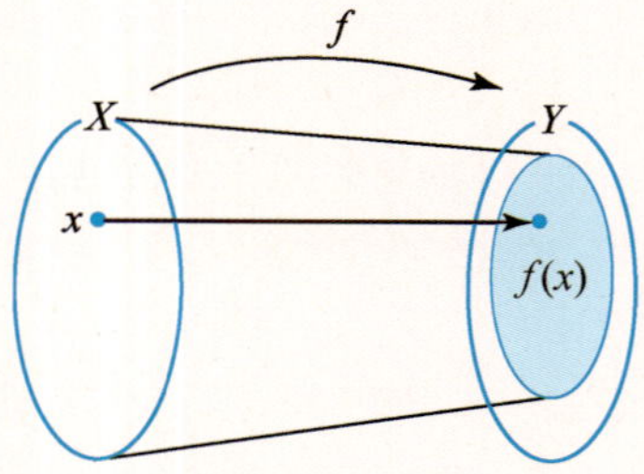

이때, 집합 X를 함수 f의 **정의역**, 집합 Y를 함수 f의 공변역 또는 **공역**이라 한다.

함수 $f : X \to Y$에서 X의 원소 x에 대응하는 Y의 원소 y를 $f(x)$로 나타내고, 이 $f(x)$를 f에 의한 x의 **함숫값**이라 하고 $y=f(x)$와 같이 나타낸다.

개념문제

1 다음 그림의 대응관계는 함수인가? 함수이면 함숫값, 정의역, 공역, 치역을 구하여라.

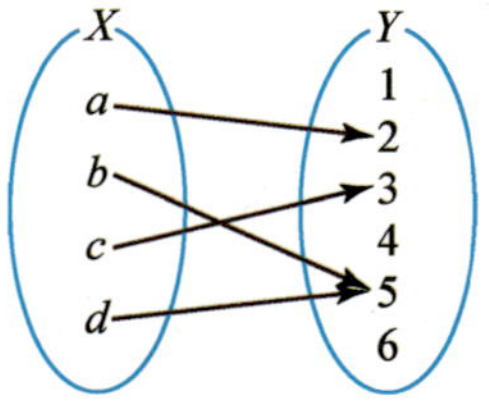

2 다음 그림의 대응관계는 함수인가? 함수이면 함숫값, 정의역, 공역, 치역을 구하여라.

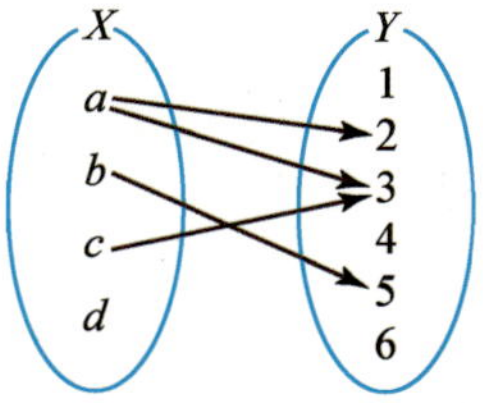

해답

1 정의역 : $X=\{a,\ b,\ c,\ d\}$
치역 : $\{2,\ 3,\ 5\}$
공역 : $Y=\{1,\ 2,\ 3,\ 4,\ 5,\ 6\}$
2 함수가 아니다.

함수 $f: X \to Y$에서 함숫값 전체의 집합 $f(x) = \{y \mid y = f(x),\ x \in X\}$를 함수 f의 **치역**이라 한다.

이때, $f(X) \subset Y$, 즉 치역은 공역의 부분집합임을 알 수 있다.

함수 $f: X \to Y$에서 X의 원소 x에 Y의 원소 y가 대응하면, 즉 $y = f(x)$에서 x를 **독립변수**, y를 **종속변수**라 한다.

한 함수 $y = f(x)$의 정의역과 공역은 함숫값 $f(x)$가 정의될 수 있는 실수의 집합에서 생각하기로 하고, 정의역을 집합 $\{a \le x \le b\}$와 같이 표시해야 할 경우에는 다음과 같이 나타내면 된다.

$$y = f(x)\ (a \le x \le b)$$

(2) 함수의 그래프

집합 X에서 집합 Y로의 함수 $y = f(x)$에 대한 좌표평면 위의 점의 집합, 다시 말하여 방정식 $y = f(x)$를 만족하는 해의 순서쌍

$$(x,\ y),\ 즉\ (x,\ f(x))$$

를 좌표평면 위에 나타내는 점의 집합은

$$G = \{(x,\ y) \mid y = f(x),\ x \in X\}$$

이다.

이 집합 G를 함수 $y = f(x)$의 **그래프**라 한다. $y = f(x)$를 그래프 G의 방정식이라고도 한다.

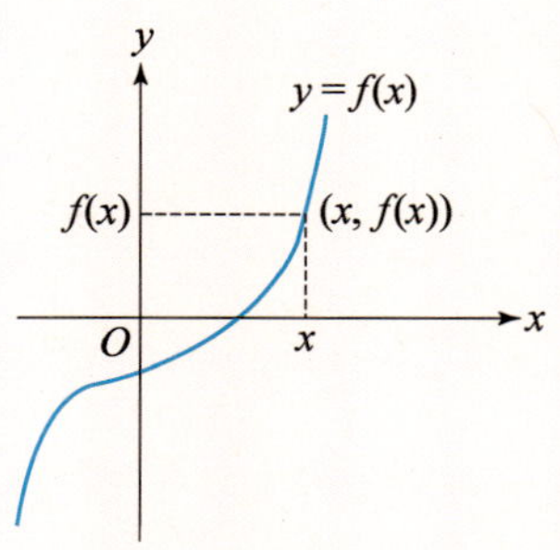

함수 $y = f(x)$에 대하여 정의역의 한 원소 a가 오직 1개의 함숫값 $f(a)$에 대응하기 때문에 함수 $y = f(x)$의 그래프와 직선 $x = a$는 오직 한 점에서 만난다는 것을 알 수 있다.

개념문제

※ 다음 함수의 정의역, 공역, 치역을 말하여라.

3 $y = x - 1$

4 $y = x^2$

5 $y = x + 2\ (-3 \le x \le 5)$

※ 다음 함수의 그래프에 대하여 설명하여라.

6 $y = 2x - 1$

7 $y = -x^2 + 2$

해답

3 정의역, 공역, 치역 : 실수 전체의 집합 R

4 정의역, 공역 : 실수 전체의 집합 R
치역 : 음이 아닌 실수의 집합
$\{y \mid y \ge 0\}$

5 정의역 : $\{x \mid -3 \le x \le 5\}$
치역 : $\{y \mid -1 \le y \le 7\}$

6 일차함수 $y = 2x - 1$의 그래프는 직선이고, 기울기가 2, y절편이 -1이다.

7 이차함수 $y = -x^2 + 2$의 그래프는 포물선이고, 꼭짓점의 좌표가 $(0,\ 2)$, x절편이 $-\sqrt{2}$, $\sqrt{2}$이며 y축$(x = 0)$이 대칭축이다.

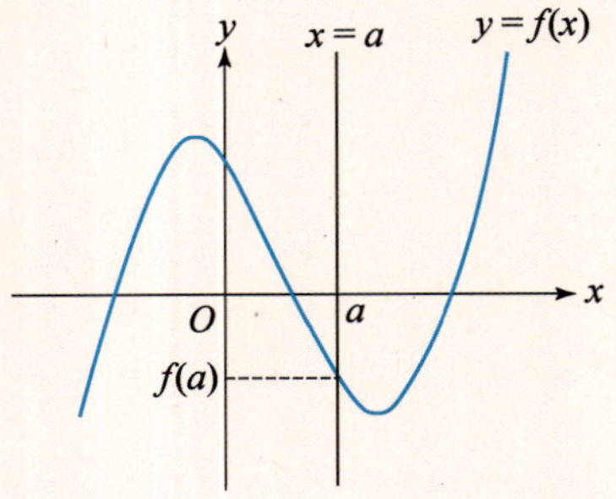

2 함수의 종류

(1) 일대일함수

함수 $f: X \rightarrow Y$에서 '$x_1 \neq x_2$이면 $f(x_1) \neq f(x_2)$이다'가 성립할 때, 이 함수 f를 **일대일함수**라 한다.

일대일함수 f는 공역과 치역이 같지 않을 수도 있다.

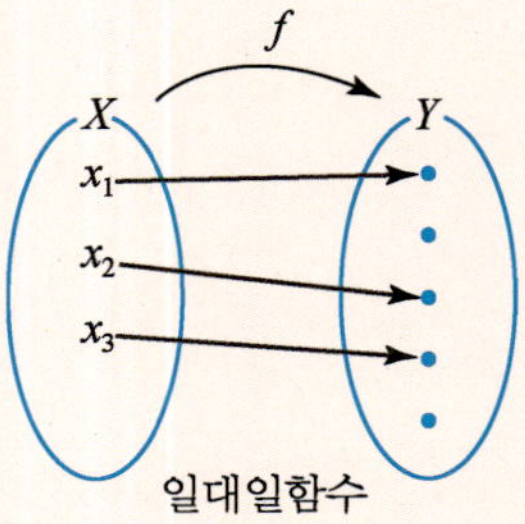

일대일함수

(2) 일대일 대응

함수 $f: X \rightarrow Y$의 치역과 공역이 같고 일대일함수일 때 이 함수 f를 **일대일 대응**이라 한다.

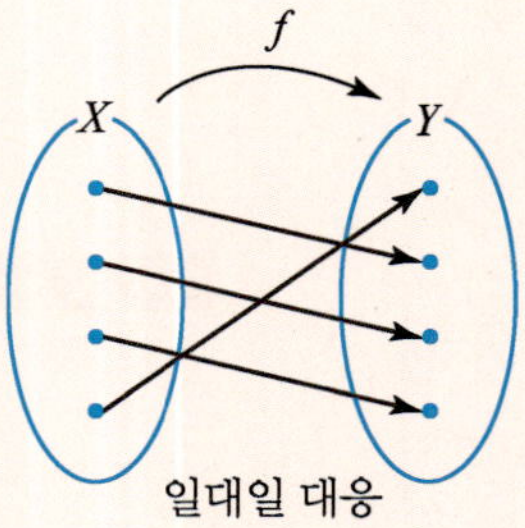

일대일 대응

일대일 대응함수 $f: X \rightarrow Y$는

1) 정의역 X의 임의의 원소 x_1, x_2에 대하여

$$x_1 \neq x_2\text{이면 } f(x_1) \neq f(x_2)$$

2) 치역과 공역이 같다.

개념문제

※ 실수 전체의 집합에서 정의된 다음 함수 중 일대일 함수인 것에는 ○표, 그렇지 않은 것에는 ×표 하여라.

8 $f(x) = x^2$ ( )

9 $g(x) = |x+2|$ ( )

10 $h(x) = x^3 + 1$ ( )

※ 실수 전체의 집합에서 정의된 다음 함수 중 일대일 대응인 것에는 ○표, 그렇지 않은 것에는 ×표 하여라.

11 $f(x) = 2x + 1$ ( )

12 $g(x) = |x+5|$ ( )

13 $h(x) = x^2 + 1$ ( )

해답

8 ×	9 ×	10 ○
11 ○	12 ×	13 ×

(3) 항등함수

함수 중에 정의역과 공역이 서로 같고 정의역의 각 원소에 대한 함숫값이 자기 자신인 함수가 있다.

다시 말하면 함수 $f: X \to X$에서 정의역 X의 임의의 원소 x에 그 자신이 대응하는 함수 $f(x)=x$가 있다.

이때, 이 함수 f를 X에서의 **항등함수**라고 한다.

항등함수는 X와 X 사이의 일대일 대응이다.

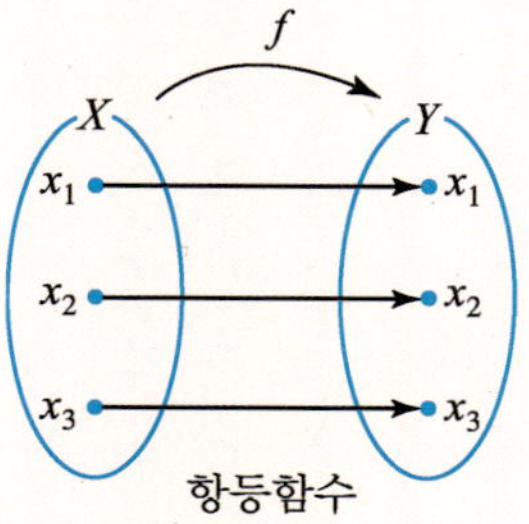

항등함수

(4) 상수함수

모든 원소에 대한 함숫값이 한 원소에 대응하는 함수, 즉 함수 $f: X \to Y$에서 정의역 X의 임의의 원소 x에 대한 함숫값이 일정한 함수 $f(x)=c$ (c는 상수)가 있다.

이때, 이 함수 f를 X에서의 **상수함수**라고 한다.

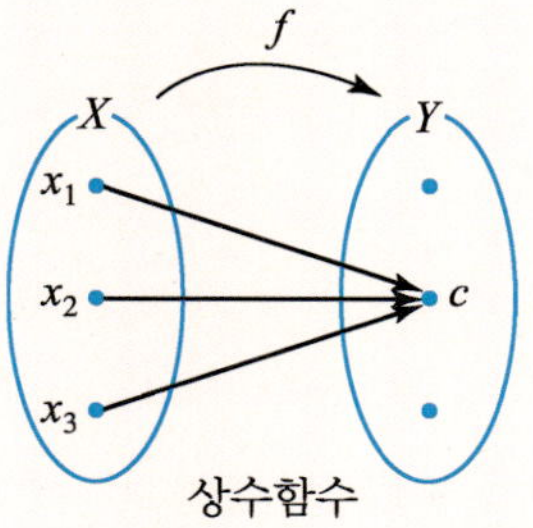

상수함수

개념문제

※ 정의역이 $\{-1, 0, 1\}$인 다음 함수 중 항등함수인 것에는 ○표, 그렇지 않은 것에는 ×표 하여라.

14 $f(x)=x^2$ ( )

15 $g(x)=x^3$ ( )

16 $h(x)=|x|$ ( )

※ 실수 전체에서 정의된 다음 함수 중 상수함수인 것에는 ○표, 그렇지 않은 것에는 ×표 하여라.

17 $f(x)=3a$ ( )

18 $g(x)=7$ ( )

19 $h(x)=x$ ( )

해답

14 ×	15 ○	16 ×
17 ○	18 ○	19 ×

3 합성함수

두 함수 $f: X \to Y$, $g: Y \to Z$에 대하여, 먼저 함수 f에 의하여 X의 원소 $x(x \in X)$가 Y의 원소 $f(x)(f(x) \in Y)$에 대응하고, 다시 함수 g에 의하여 Y의 원소 $f(x)$가 Z의 원소 $g(f(x))$에 대응한다고 하자.

그러면 X를 정의역, Z를 공역으로 하는 새로운 함수를 정의할 수 있다.

이 함수를 f와 g의 **합성함수**라 하고, 이것을 기호로

$$g \circ f : X \to Z$$

와 같이 나타낸다.

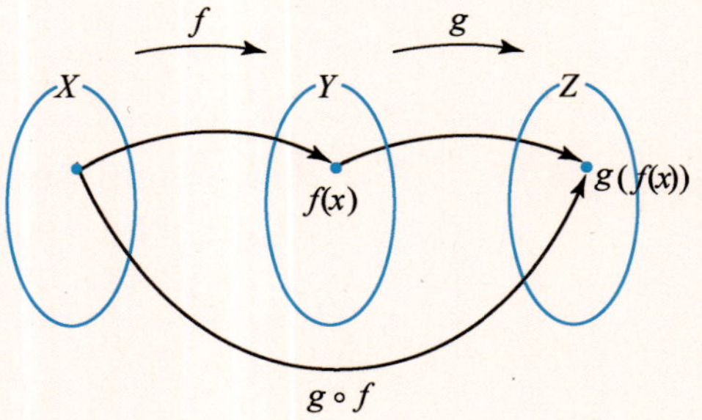

이때, 두 함수 f와 g의 합성함수 $g \circ f$에서 X의 원소 x에 Z의 원소 $g(f(x))$가 대응하므로 $(g \circ f)(x) = g(f(x))$이다. 또한 두 함수 $y = f(x)$와 $z = g(y)$의 합성함수는 $z = g(f(x))$로도 나타낸다.

별의 숫자나 바닷가의 모래알의 숫자는?

과연 별의 개수는 몇 개나 될까? 아니면 바닷가 모래알의 개수는? 모래알은 충분한 인력과 시간이 있으면 셀 수는 있을 것이지만 우주의 별은 그렇지가 않다. 그래서 옛날에는 별의 개수를 상상할 수 없을 만큼 유한한 것이라고 부르기도 했다. 무한의 개념을 창시한 수학자 칸토어는 무한은 유한이 아니다라는 연구로 시작하며 당시 무한의 연구를 금기시한 수학계의 반발에도 불구하고 무한의 수학인 집합론을 29세인 1894년에 최초로 발표하였다. 그리고 정식 논문이 발표되기 전까지 10년 동안 스스로도 수많은 확신과 회의를 반복해왔다고 한다.

개념문제

※ 두 함수 $f(x) = x^2 - 1$, $g(x) = 2x + 3$에 대하여 다음 합성함수를 구하여라.

20 $f \circ g$

21 $g \circ f$

22 $f \circ f$

23 $g \circ g$

해답

20 $4x^2 + 12x + 8$ 21 $2x^2 + 1$
22 $x^4 - 2x^2$ 23 $4x + 9$

4 역함수

(1) 역함수

함수 $f: X \to Y$, 즉 $y=f(x)$가 전단사함수, 다시 말해서 일대일 대응이라 하자. 그러면 Y의 각 원소 y에 대하여 $y=f(x)$를 만족하는 X의 원소 x가 하나씩 존재한다.

이때, Y의 임의의 원소 y에 $y=f(x)$를 만족하는 X의 원소 x를 대응시키는 새로운 함수를 생각할 수 있다.

정의역이 Y이고 공역이 X인 이 새로운 함수를 함수 $f: X \to Y$의 **역함수**라 하고 기호로

$$f^{-1}: Y \to X, \quad x=f^{-1}(y)$$

와 같이 나타낸다.

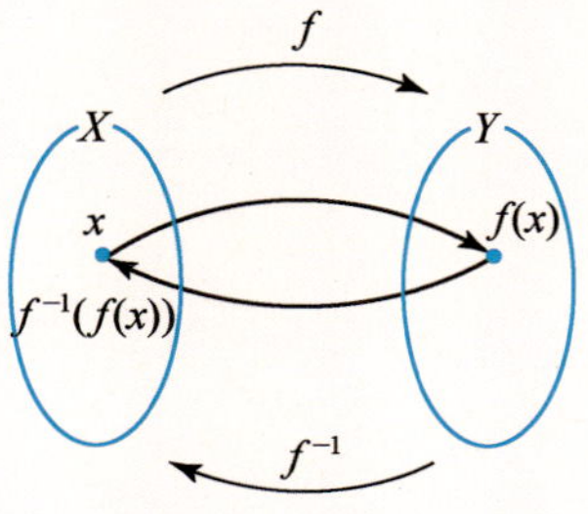

(2) 역함수의 성질

한 함수에 대하여 이 함수의 역함수가 존재하기 위한 필요충분조건은 이 함수가 일대일 대응인 것이다.

함수 $f: X \to Y$와 그의 역함수 $f^{-1}: Y \to X$에 대하여

$$y=f(x) \Leftrightarrow x=f^{-1}(y)$$

인 관계가 성립함을 알 수 있다.

따라서 역함수에 대하여 다음 성질을 얻는다.

$$(f \circ f^{-1})(y)=f(f^{-1}(y))=f(x)=y$$
$$(f^{-1} \circ f)(x)=f^{-1}(f(x))=f^{-1}(y)=x$$

그러므로 함수 $f \circ f^{-1}: Y \to Y$와 $f^{-1} \circ f: X \to X$는 항등함수이다. 여기서 함수 f와 f^{-1}는 각각 치역과 공역이 같으며, f의 정의역은 f^{-1}의 치역, f의 치역은 f^{-1}의 정의역이 됨을 알 수 있다.

개념문제

24 $f(x)=2x-5$는 역함수를 갖는가?

25 함수 $f(x)=3x-2(-1 \le x \le 2)$의 역함수를 구하여라.

※ 아래 두 함수에 대하여 다음 물음에 답하여라.

$$f(x)=x+1$$
$$g(x)=2x-3$$

26 함수 f와 g의 역함수 f^{-1}와 g^{-1}를 각각 구하여라.

27 합성함수 $g \circ f$와 그 역함수 $(g \circ f)^{-1}$를 구하여라.

해답

24 이 함수는 역함수를 갖는다.

25 $y=\frac{1}{3}x+\frac{2}{3}$ $(-5 \le x \le 4)$

26 $f^{-1}(x)=x+1$

$g^{-1}(x)=\frac{1}{2}x+\frac{3}{2}$

27 $(g \circ f)(x)=2x-1$

$(g \circ f)^{-1}(x)=\frac{1}{2}x+\frac{1}{2}$

(3) 역함수의 그래프

함수 $y=f(x)$가 그 역함수 $y=f^{-1}(x)$를 가지면 함수 $y=f(x)$ 위의 임의의 점 $(a,\ b)$에 대하여

$$b=f(a) \Leftrightarrow a=f^{-1}(b)$$

이므로, 점 $(b,\ a)$는 그 역함수 $y=f^{-1}(x)$의 그래프 위의 점이다.

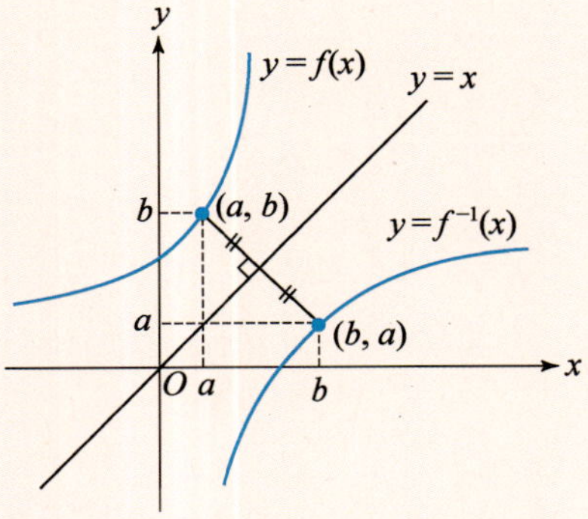

역으로, 함수 $y=f^{-1}(x)$의 그래프 위의 점을 $(b,\ a)$라 하면 점 $(a,\ b)$는 함수 $y=f(x)$의 그래프 위의 점이다.

그런데 점 $(a,\ b)$와 점 $(b,\ a)$는 직선 $y=x$에 대하여 대칭이므로 다음이 성립한다.

역함수의 그래프

함수 $y=f(x)$의 그래프와 그 역함수 $y=f^{-1}(x)$의 그래프는 직선 $y=x$에 대하여 대칭이다.

낙타의 유산 분배

사막의 어느 집에서 아버지가 3명의 자식에게 낙타 17마리를 유산으로 남기며 유언을 했다. 첫째는 낙타 전체의 2분의 1을 가지고 둘째는 3분의 1을, 셋째는 9분의 1을 가지라고 하고 세상을 떠났다. 이 삼형제는 아무리 계산을 해도 낙타 17마리를 2로도 3으로도 9로도 나누어지지 않아서 계속 고민하고 있었는데 낙타를 타고 가던 한 청년이 이 딱한 사정을 듣고 자기가 타고 온 낙타 한 마리를 형제들에게 주었다. 그러자 18마리가 되어 첫째가 2분의 1인 9마리를 가져가고 둘째는 3분의 1인 6마리를, 그리고 셋째는 9분의 1인 2마리를 가져갔다. 그러고 나니 18마리에서 9+6+2=17마리가 되어 한 마리가 남는 것이었다. 이 청년은 유산 문제를 해결한 채 다시 자기 낙타를 타고 길을 떠났다. 물론 1마리가 더 증가한 상태에서 몫을 나눈 것이라서 수학적으로 맞지는 않지만 재치 있는 아이디어였음은 분명하다.

개념문제

※ 다음 함수의 역함수를 구하고, 그 그래프를 그려라.

28 $y=3x+2\ (-2 \le x \le 1)$

29 $y=\frac{1}{2}x-1\ (x \ge 4)$

해답

28 $y=\frac{1}{3}x-\frac{2}{3}\ (-4 \le x \le 5)$, 그래프 생략

29 $y=2x+2\ (x \ge 1)$, 그래프 생략

5 일차함수

일차함수 $y = ax + b\ (a \neq 0)$의 그래프는 기울기가 a, y절편이 b인 직선이다. 그리고 $a > 0$일 때 x값이 증가함에 따라 y값도 증가하는 함수이고, $a < 0$일 때 x값이 증가함에 따라 y값은 감소하는 함수이다.

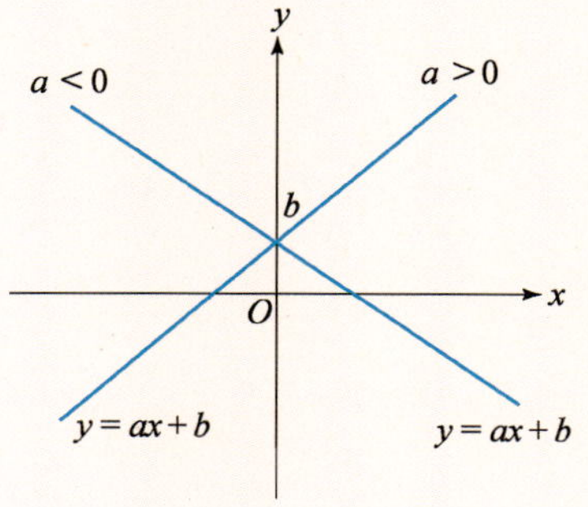

6 이차함수

이차함수 $y = ax^2 + bx + c\ (a \neq 0)$은 완전제곱에 따라 변형하면

$$y = a\left(x + \frac{b}{2a}\right)^2 - \frac{b^2 - 4ac}{4a}$$

가 된다. 따라서 위 이차함수의 그래프는 $y = ax^2$의 그래프를 x축 방향으로 $-\frac{b}{2a}$만큼, y축 방향으로 $-\frac{b^2 - 4ac}{4a}$만큼 평행 이동한 것이다.

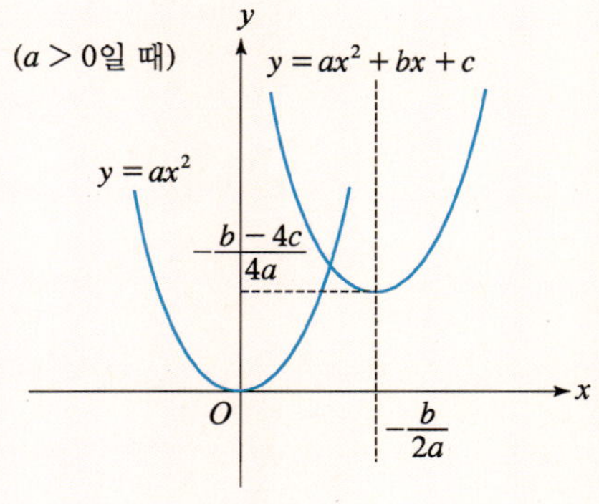

따라서 이 이차함수의 그래프는 꼭짓점이 $\left(-\frac{b}{2a},\ -\frac{b^2 - 4ac}{4a}\right)$이고 직선 $x = -\frac{b}{2a}$가 대칭축인 포물선이다.

이때, 이 포물선은 $a > 0$이면 아래로 볼록하고, $a < 0$이면 위로 볼록하다.

개념문제

※ 다음 식의 그래프를 그려라.

30 $y = |x| + 2x + 1$

31 $y = -|x - 3| + 4$

32 이차함수 $y = -2x^2 - 4x$의 그래프를 그려라.

해답

30 생략　　31 생략
32 생략

7 이차함수의 최대, 최소

어떤 함수에 대하여 정의역의 모든 원소에 대한 함숫값 중에서 가장 큰 값을 그 함수의 **최댓값**이라 하고, 가장 작은 값을 **최솟값**이라 한다.

이차함수 $y=ax^2+bx+c$에서

$$p=-\frac{b}{2a},\quad q=-\frac{b^2-4ac}{4a}$$

라 놓으면 이 이차함수는

$$y=a(x-p)^2+q$$

와 같이 나타낼 수 있고 그 그래프는 아래 그림과 같다.

($a>0$일 때)

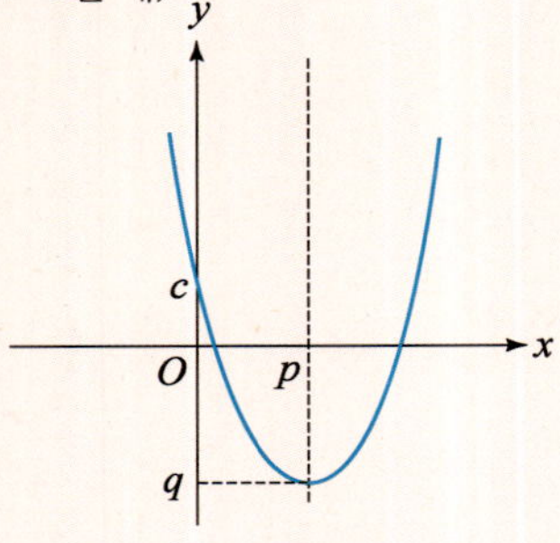

($a<0$일 때)

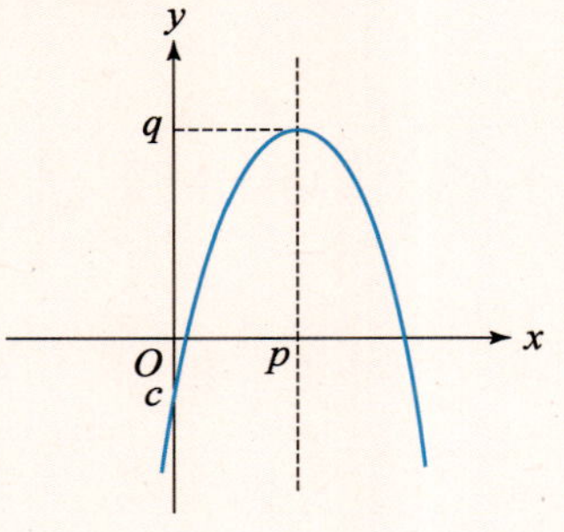

이 이차함수 $y=ax^2+bx+c$ $(a\neq 0)$의 그래프에서 다음 사실을 알 수 있다.

이차함수의 최댓값과 최솟값

이차함수 $y=ax^2+bx+c$를 변형하여 다음 모양이 될 때

$$y=a(x-p)^2+q$$

1. $a>0$인 경우

$x=p$에서 최솟값 $y=q$

2. $a<0$인 경우

$x=p$에서 최댓값 $y=q$

를 갖는다.

개념문제

※ 다음 이차함수의 그래프를 그리고 최댓값 또는 최솟값을 구하여라. 그리고 이때의 x의 값도 각각 구하여라.

33 $y=x^2-6x+5$

34 $y=-3x^2-6x$

35 함수 $f(x)=x^2-2x-3$ $(0\leq x\leq 4)$의 최댓값과 최솟값을 각각 구하여라.

36 포물선 $y=x^2$과 직선 $y=2x+k$의 위치관계를 설명하여라.

해답

33 $x=3$일 때 최솟값이 $y=-4$
34 $x=-1$일 때 최댓값이 $y=3$
35 최댓값 : 5 최솟값 : -4
36 $k>-1$일 때 서로 다른 두 점에서 만난다.
$k=-1$일 때 한 점에서 만난다.
$k<-1$일 때 만나지 않는다.

8 이차함수의 근

이차방정식 $ax^2+bx+c=0(a\neq0)$의 실근은 이차함수 $y=ax^2+bx+c$의 그래프와 직선 $y=0$(x축)의 교점의 x좌표와 같다. 그리고 이차함수 $y=ax^2+bx+c(a\neq0)$의 그래프와 x축의 위치 관계는 이차방정식 $ax^2+bx+c=0$이 어떠한 근을 갖는지에 따라, 즉 이 이차방정식의 판별식 D의 부호에 따라 다음과 같이 정리할 수 있다.

$y=ax^2+bx+c$의 그래프와 x축의 위치 관계

이차방정식 ax^2+bx+c의 판별식 D에 대하여

1. $D=b^2-4ac>0 \Leftrightarrow$ 서로 다른 두 점에서 만난다.
2. $D=b^2-4ac=0 \Leftrightarrow$ 한 점에서 만난다(접한다).
3. $D=b^2-4ac<0 \Leftrightarrow$ 만나지 않는다.

따라서 이러한 관계를 그림으로 나타내면 다음과 같다.

판별식 $D=b^2-4ac$		$D>0$	$D=0$	$D<0$
$y=ax^2+bx+c$의 그래프	$a>0$ 일 때	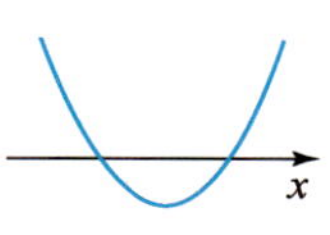	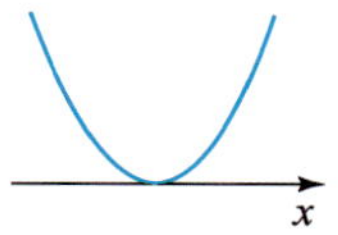	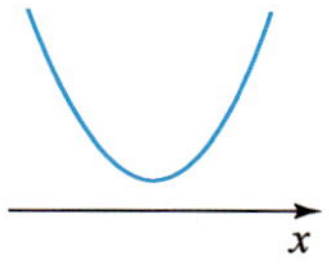
	$a<0$ 일 때	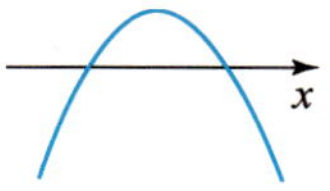	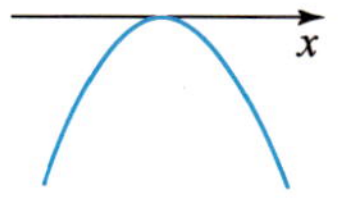	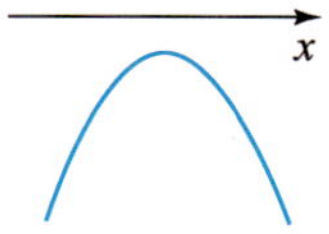
그래프와 x축의 위치관계		서로 다른 두 점에서 만난다	한 점에서 만난다(접한다)	만나지 않는다
$ax^2+bx+c=0$의 근		서로 다른 두 실근	중근	허근

등호와 더하기 빼기의 유래

등호는 레코드라는 사람이 쓴 《지혜의 지석》이라는 책에 나타난 것이 최초이다. 레코드는 등호를 = 기호로 사용하는 이유로서 길이가 같은 평행선만큼 같은 것은 없기 때문이라고 말하고 있다. 따라서 처음에는 = 모양이 양쪽으로 길게 쓰이던 것이 오늘날에는 짧게 줄여서 오늘날의 =이 된 것이다. 더하기와 빼기는 계산의 아버지로 불리는 독일의 위드먼이 1489년에 과부족의 의미로 사용하기 시작한 것이 오늘날의 +와 −가 되었다고 한다.

개념문제

※ 다음 이차함수와 x축과의 교점의 개수를 구하여라.

37 $y=x^2+4x+4$

38 $y=x^2-2x+7$

39 $y=x^2-2x-4$

해답

37 1개 **38** 0개
39 2개

수학 토론 및 팀 활동

① 함수의 정의를 이해해보자!

활동 1 함수의 뜻에 대해서 발표해보고 함수의 예를 들어보자.

활동 2 사람과 체중의 관계를 함수라고 할 수 있는가?

활동 3 사람과 지문의 관계를 함수라고 할 수 있는가?

활동 4 함수 관계가 성립하는 것과 하지 않는 것의 차이는 무엇이며 그 구분의 핵심 요인은 무엇인가?

활동 5 팀별로 함수인 것과 아닌 것의 예를 몇 가지씩 들어 발표해보고 그 이유를 설명해보자.

② 실생활에서의 함수에 대해서 알아보자!

활동 1 대통령 선거에서 투표와 후보 간의 대응 관계로 나올 수 있는 함수의 종류를 말해보자.

활동 2 실생활에서의 항등함수의 예와 상수함수의 예를 들어보자.

활동 3 수학여행을 갔는데 10명의 학생이 각각 방을 하나씩 배정받는다고 하면, 학생과 배정받은 방의 관계는 어떤 함수이며, 또 배정받을 수 있는 함수의 개수는 몇 개라고 생각하는지 토론해보자.

활동 4 대응이라는 함수의 관계에서 볼 때 자연수의 집합과 정수의 집합은 일대일 대응이 될 수 있는가? 또 유리수와는 일대일 대응이 될 수 있는지 토론해보자.

활동 5 사다리 타기는 대표적인 함수 관계의 대응으로 볼 수 있는데 실제로 사다리를 그리고 조원들 간에 사다리를 타서 왜 함수 관계가 되는지 토론해보자.

위대한
수학자

가우스

독일의 수학자. 대수학 · 해석학 · 기하학 등 여러 방면에 걸쳐서 뛰어난 업적을 남겨, 19세기 최대의 수학자라고 일컬어진다. 수학에 이른바 수학적 엄밀성과 완전성을 도입하여, 수리물리학(數理物理學)으로부터 독립된 순수수학의 길을 개척하여 근대수학을 확립하였다. 한편 물리학, 특히 전자기학(電磁氣學) · 천체역학(天體力學) · 중력론(重力論) · 측지학(測地學) 등에도 큰 공헌을 하였다.

브룬스비크에서 노동자의 아들로 태어나 빈궁한 가운데 성장하였지만, 일찍부터 뛰어난 소질을 보였기 때문에, 어머니와 숙부의 노력으로 취학할 수 있었다. 10세 때 등차급수의 합의 공식을 창안하는 등 신동(神童)으로 알려져 브룬스비크공(公) 페르디난드에게 추천되어, 카롤링 고교를 거쳐 괴팅겐 대학에 진학하였다. 고교시절에 이미 정수론(整數論) · 최소제곱법[最小自乘法] 등으로 독자적인 수학적 업적을 올렸는데, 괴팅겐 대학 재학 시절에 정 17각형의 문제에 열중한 것이 수학의 길을 선택하기로 결심한 계기가 되었다.

가우스는 헬름슈테트 대학으로 옮겨 22세 때 학위를 받았으며, 그 후 다시 브룬스비크로 돌아와 페르디난드공(公)의 도움을 받으면서 수학을 계속 연구하였다. 1801년에 간행된 명저(名著) 《정수론연구(整數論研究): Disquistiones arithmeticae》는 2차의 상호법칙의 증명을 풀이하였으며, 합동식(合同式)의 대수적 기법을 도입하여 이 분야에 획기적인 업적을 쌓아올렸고, 학위 논문에서 이룩한 대수학의 기본정리의 증명과 더불어 학계에 이름을 떨쳤다.

1800년 이후 가우스의 연구는 대략 4기로 구분할 수 있다. 제1기는 소행성의 궤도결정을 시작으로 천체역학을 연구하던 1820년까지의 시기이고, 이 시기의 연구는 《천체운동론》(1809)에 집대성되어 있다. 또한, 수학 분야에서는 초기하급수(超幾何級數)의 연구 및 복소변수(複素變數)의 함수론의 전개가 있다(베셀에게 보낸 서한에 적혀 있으며, 훗날의 코시의 정리도 포함한다). 제2기는 측지학(測地學)에 관계한 시기로서, 1821년에 하노버 정부와 네덜란드 정부의 측지사업의 학술고문으로 위촉받은 일이 계기가 되어 곡면론(曲面論)의 검토, 즉 곡률(曲率)의 문제, 등각사상(等角寫像)의 이론, 그리고 곡면의 전개가능성 등을 고찰하였다. 제3기는 1830년부터 10년간으로서, 주요 관심사는 물리학 쪽으로 옮겨져 갔다. 특히, W. E. 베버와의 협력 아래 추진한 지구자기(地球磁氣)의 측정 및 이의 이론적 체계화가 두드러진 업적이다. 괴팅겐에 자기관측소를 설립하고, 측정을 위하여 자기기록계를 제작하였으며, 또한 절대단위계(絕對單位系)를 도입함으로써 전자기학의 기초를 닦는 데 공헌하였고, 한편으로는 퍼텐셜론(論)을 전개하여 이것의 수학적 기초의 수립을 추진하였다. 이 밖에, 전신기(電信機)의 발명과 모세관현상의 연구 등도 이 시기에 이룩한 것이다.

1840년경부터 만년에 이르는 제4기에는, 오늘날의 위상해석학(位相解析學)인 위치해석학 및 복소변수의 함수와 관련된 기하학을 연구하였다.

이상과 같이 수학자이며 동시에 관측자이기도 했던 그는 '괴팅겐의 거인(巨人)'으로서 이름을 남겼지만, 우선권 다툼이라든지 후진의 업적에 대한 냉담한 태도 등으로 가끔 나쁜 평을 받게 된 것은 아마도 완전성을 중요하게 여긴 그의 성격 탓인지도 모른다. 그의 좌우명은 "수(數)는 적으나 완숙하였도다"였다.

–네이버 지식백과, 두산백과–

연습문제

Lesson

05

함수

학 과	
학 번	
이 름	
제출일	

01 두 집합 $X=\{x|-2\le x\le 1\}$, $Y=\{y|y$는 실수$\}$에 대하여 X에서 Y로의 함수 $f(x)=2x+1$의 치역을 구하여라.

02 두 집합 $X=\{a, b, c\}$, $Y=\{1, 2, 3, 4\}$에 대하여 X에서 Y로의 함수의 개수를 구하여라.

03 함수 $y=2x+5$의 치역이 $\{5, 7, 9\}$일 때, 정의역을 구하여라.

04 두 집합 $X=\{1, 2\}$, $Y=\{y|y$는 정수$\}$에 대하여 X에서 Y로의 함수 f, g가 $f(x)=x+1$, $g(x)=x^2+ax+b$이다. $f=g$일 때, 실수 a, b의 곱 ab의 값을 구하여라.

05 다음 보기의 그래프 중 함수인 것을 모두 골라라.

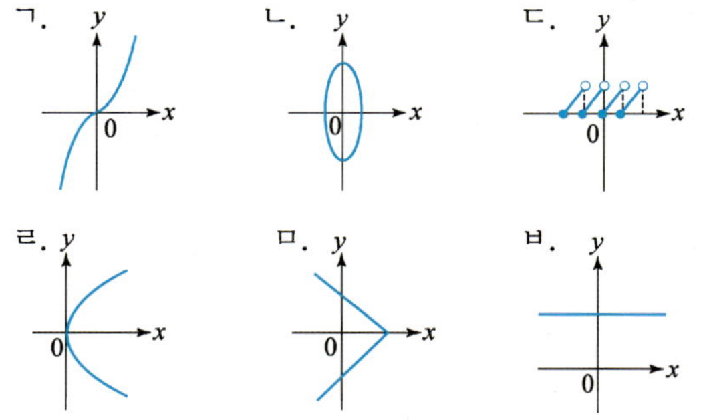

06 다음 보기의 함수 중 일대일 대응, 항등함수, 상수함수를 각각 골라라.

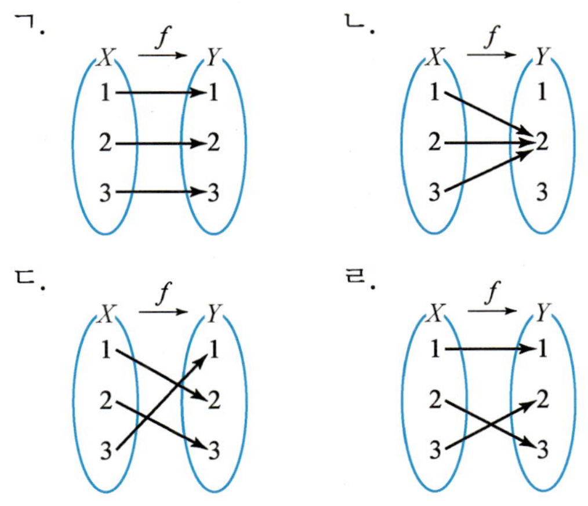

07 두 집합 $X=\{1, 2, 3\}$, $Y=\{a, b, c\}$에 대하여 X에서 Y로의 함수의 개수를 p, 일대일 대응의 개수를 q라 할 때, $p-q$의 값을 구하여라.

08 집합 $X=\{x|-1 \le x \le 1\}$에서 집합 $Y=\{y|0 \le y \le 4\}$로의 함수 $f(x)=px+q$가 일대일 대응일 때, pq의 값을 모두 구하여라. (단, p, q는 상수)

09 두 함수 $f(x)=3x-1$, $g(x)=x^2+x-1$에 대하여 $(f \circ g)(a)=2$일 때, 양수 a의 값을 구하여라.

10 함수 $f(x)=\begin{cases} x^2+1 & (x<0) \\ 1-x & (x \geq 0) \end{cases}$일 때, $(f \circ f \circ f \circ f)(2)$의 값을 구하여라.

11 두 집합 $X=\{1, 2, 3, 4\}$, $Y=\{3, 4, 5, 6\}$에 대하여 두 함수 $f: X \rightarrow Y$, $g: Y \rightarrow X$가 다음 그림과 같이 정의되어 있을 때, 합성함수 $f \circ g$, $g \circ f$에 대하여 다음을 구하여라.

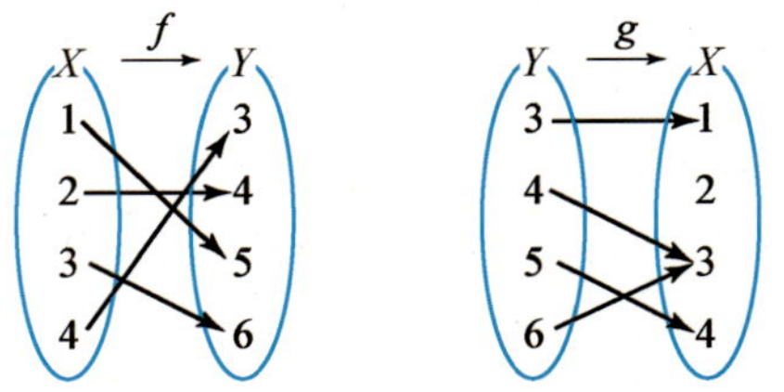

(1) $(g \circ f)(1)$ (2) $(f \circ g)(5)$

12 함수 $f(x)=4x-3$에 대하여 $(f \circ f)(a)=33$일 때, 상수 a의 값을 구하여라.

13 함수 $f(x)$가 $f(x)=\begin{cases} 0 \ (x\text{가 유리수}) \\ 1 \ (x\text{가 무리수}) \end{cases}$ 일 때, $(f \circ f)(\sqrt{3})$의 값을 구하여라.

14 $f\left(\dfrac{x+1}{x-1}\right)=x^2-1$일 때, $f(-1)+f(2)$의 값을 구하여라.

15 실수 전체의 집합에서 정의된 함수 f가 $f\left(\dfrac{x+3}{2}\right)=2x+1$을 만족할 때, $f(2x+1)$을 구하여라.

16 두 함수 $f(x)=ax+1$, $g(x)=x+a$이고 $g^{-1}(1)=2$일 때, $f^{-1}(2)+g(3)$의 값을 구하여라. (단, a는 상수)

17 두 함수 $f(x)=x-2$, $g(x)=3x-3$에 대하여 $(f\circ(f\circ g)^{-1}\circ f)(3)$의 값을 구하여라.

19 집합 $X=\{x|\ \geq a\}$에서 X로의 함수 $f(x)=x^2-2x$가 일대일 대응이기 위한 상수 a의 값을 구하여라.

18 두 함수 $f(x)=2x+3$, $g(x)=3x+5$와 일차함수 h에 대하여 $f\circ h=g$일 때, $h(x)$를 구하여라.

20 두 함수 f, g를 아래 그림과 같이 정의할 때, $(f\circ g^{-1})(5)+(f\circ g)^{-1}(5)$의 값을 구하여라.

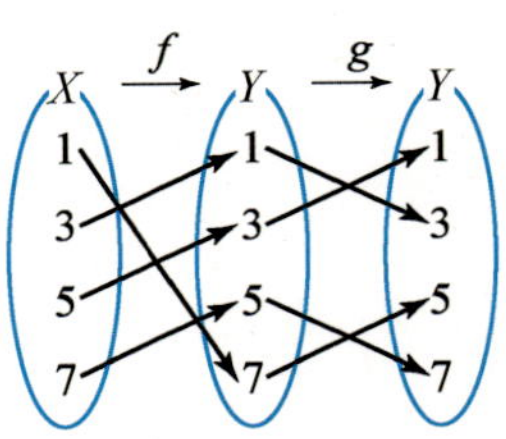

성찰일지

Lesson 05

함수

학번 : ____________________

학과 : ____________________

이름 : ____________________

단원 테스트

학번 : ____________________

학과 : ____________________

이름 : ____________________

1. $f(x)=x^2+1$, $g(x)=3x+7$일 때, $f(g(3))$의 값을 구하여라.

2. $f(x)=5x-4$의 역함수를 구하여라.

3. $f(x)=x^2-4x+9$의 최댓값 또는 최솟값을 구하여라.

4. 이차함수 $y=x^2-6x-10$과 x축과의 교점의 개수를 구하여라.

5. 이차함수 $y=x^2-6x+8$과 x축과 만나는 두 점 사이의 거리를 구하여라.

Lesson 06 유리, 무리함수

Rational, Irrational Function

학습목표

유리무리함수 단원은 먼저 분수 형태의 함수인 유리함수의 그래프와 그래프의 평행이동 그리고 점근선과 최대최소 및 역함수를 이해하고 루트를 포함하고 있는 함수인 무리함수의 그래프와 그래프의 평행이동 그리고 정의역 치역 및 역함수를 학습하여 유리무리함수의 개형과 관련 문제해결 능력을 기르는 데 목적이 있다.

"수학법칙은 인간의 지성과 무관하게 독자적으로 존재한다.
-에셔"

"수학에서 올바른 질문을 하는 기술은 문제 푸는 기술보다 중요하다.
-칸토어"

"수학은 가장 돈이 안 드는 과학이다. -조지 폴리아"

"수학은 다른 것들에게 같은 이름을 붙여주는 기술이다.
-푸앵카레"

"수학은 사회적으로 조건화된 지식과 기술의 집합체다.
-윌리엄 서스턴"

유리, 무리함수의 정의

유리함수의 정의는 변수의 유리식으로 표시되는 함수, 즉 함수 $y=f(x)$에서 $f(x)$가 변수 x에 관한 유리식일 때 분수함수와 다항함수를 합쳐서 유리함수라고 하고, 일반적으로

$$f(x)=\frac{P(x)}{Q(x)}$$

와 같은 꼴로 나타낸다. $Q(x)$가 1차 이상의 다항식이면 분수함수이다.

다음으로 무리함수의 정의는 변수의 무리식으로 나타나는 함수, 즉 식에 루트를 포함하고 있는 함수를 무리함수라고 한다. 루트 안의 변수에 대한 일차식 또는 이차식인 무리함수의 그래프는 포물선, 원, 타원, 쌍곡선 등의 일부인 특징이 있다.

미적 체험을 활용한 스토리텔링 수학

김홍도의 씨름 (국립중앙박물관)

예술적 호기심

1. 이 그림에서 버선만 신고 있는 사람은 몇 명인가?
2. 다음 경기에 씨름할 선수는 누구인가?
3. 이 그림의 구도에서 씨름선수들이 중앙인 이유는?
4. 대부분의 사람들이 흰옷을 입고 있는 이유는?
5. 엿장수 소년을 등장시킨 이유를 이야기해보자.

수학적 호기심

6. 이 그림에 등장한 사람의 수는 몇 명인가?
7. 이 그림을 4등분하여(3*3) 사람 수를 세어보자.
8. 사람 수에 어떤 규칙이 있는가?
9. 마방진과 연관된 다른 작품들도 찾아보자.
10. 이 그림 속의 수학적 요소를 찾아보자.

논리추론 문제

불량 구슬이 담긴 주머니를 찾아라!

상황

아라비아는 예쁜 구슬로 유명한 곳이다. 그래서 이 지역 많은 사람들이 구슬을 사고팔며 살아가고 있다. 그런데 간혹 나쁜 사람들이 질이 나쁜 구슬을 좋은 구슬인 것처럼 팔기도 한다. 즉 좋은 구슬은 한 개당 무게가 10그램으로 일정한데 불량 구슬은 성분이 부족하여 1개당 무게가 9그램으로 1그램이 모자란다. 하지만 그 무게 차이가 미세하여 손으로 들어서는 좀처럼 구분할 수 없다.

사건

그러던 어느 날 한 상인이 한 주머니에 10개의 구슬이 들어 있는 구슬주머니 10개를 구입하였다. 그러니까 총 100개의 구슬을 산 셈이다. 그런데 10개의 주머니 중에서 1개의 주머니가 불량 구슬들로 구성된 것을 알게 되었다. 그래서 상인은 10개의 구슬 주머니 중 그 불량 구슬 주머니를 찾아내기 위해서 눈금이 있는 접시저울이 있는 곳으로 갔다. 불량 주머니는 구슬이 9그램씩이라 주머니 전체의 무게가 정상인 100그램이 아닌 90그램으로 나올 것이기 때문이다.

문제

자 여기서 문제. 이 상인은 저울을 최소한 몇 번 사용하여 불량 주머니를 찾아낼 수 있었을까?

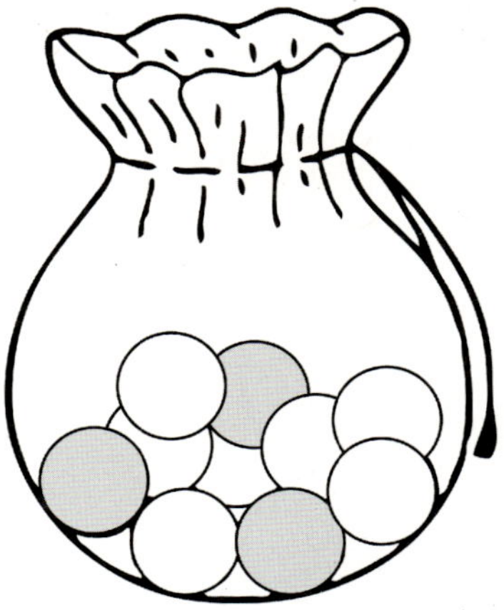

유리함수, 무리함수라는 용어는 일상생활에서는 잘 쓰이지 않지만 수학이 아닌 여러 분야에서 논문이나 학술지에 많이 쓰이는 용어이다. 다음의 예를 살펴보자.

유리함수모델 기반 표고시차보상기법을 사용한 Image Registration 방안 제안

김현숙, 김문규, 서두천(2012)

위성 카메라의 두 밴드가 다른 관측 각(Look angle)으로 촬영 시, 두 밴드간의 정합이 요구된다. 밴드 정합(Band registration)은 플랫폼의 다이내믹스(Dynamics)와 시차효과로 인하여 상수매개변수(constant parameter)로 수학적인 모델을 수립하여 정합(registration)을 수행하기 어렵다. 시차효과는 지표면 표고에 의해 야기되는 현상으로 이는 두 밴드간 정합 특성이 지표면의 표고의 함수로 주어진다. 두 밴드간 정합이 성공적으로 이뤄지기 위하여 시차효과를 보상하는 표고시차보상기법이 요구된다. 이러한 표고시차보상은 특히 고해상도 영상정합에서 중요하다. 표고시차보상기법은 하나의 밴드를 다른 관측 각을 가지는 다수의 CCD라인으로 구성한 경우에도 적용이 가능하다. 한 밴드에서 촬영된 CCD라인 영상들은 연결된 CCD라인마다 다른 관측 각을 가지므로 CCD라인간 표고시차가 발생하여 CCD라인간 지상거리 차가 표고에 따라 증가되는 왜곡 현상이 나타나기 때문이다. 이를 보상하기 위해 기준밴드 또는 기준 CCD라인과 대상밴드 또는 대상 CCD라인간 영상과 지상간의 관계를 다항식을 사용하여 수학적으로 모델하는 RFM을 사용하였다. 실험결과, 표고시차가 존재하는 영상에 대해서도 제안된 기법으로 밴드 정합이 성공적으로 수행되는 것을 확인하였다.

(초록)

무리함수와 선형 특성 곡선들을 이용한 고속연안어선의 선형생성에 관한 연구

김수영, 김현철, 백준명, 이충렬(1997)

논문 요약

본 연구는 고속연안어선의 선형을 전산기 내에서 효율적으로 표현하는 방법을 나타낸다. 즉 선형을 특정 짓는 선형 특성 곡선들(Hull from characteristic curves)로부터 무리함수를 사용하여 선형을 전산기 내에서 표현하였다. 그리고 선형 특성 곡선을 NURBS 곡선으로 표현하여 선형 변환을 수행하는 방법을 제시하였다.

결론

이상의 연구로부터 다음과 같은 결론을 얻었다.

(1) 일반화한 무리함수와 선형 특성 곡선을 사용하여 고속연안어선의 보다 효율적인 선형생성 및 변환방법을 시도하였다.
(2) 선형생성을 위한 데이터베이스 구축에서 옵셀의 유형이 아닌 특성 곡선 정의 방법을 사용하였다.
(3) 일반화한 무리함수에 의해 정의된 선형단면은 불연속점을 기준으로 C급 연속성을 항상 만족하므로 부가적인 선형 순정 과정을 필요치 않는다.
(4) 후속되는 선체 계산 및 해석에 보다 정확한 선형 정보를 제공할 수 있다.

유리, 무리함수

1 유리함수

함수 $y=f(x)$에서 $f(x)$가 x에 관한 유리식일 때 이 함수를 **유리함수**라 하고, 특히 $f(x)$가 x에 대한 분수식으로 나타낼 때 이 함수를 **분수함수**라고 한다.

(1) $y=\frac{k}{x}$ $(k \neq 0)$의 그래프

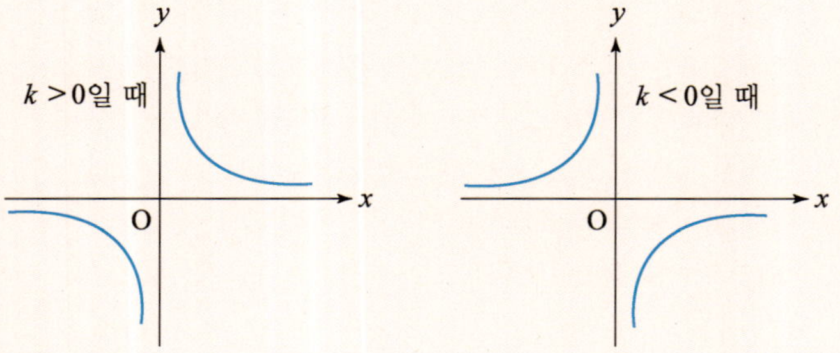

1) 정의역과 치역은 모두 $R-\{0\}$이다.
2) 원점에 대하여 대칭이다.
3) 점근선은 x축, y축이다.
4) $k>0$이면 그래프는 제 1, 3사분면에 있다.
5) $k<0$이면 그래프는 제 2, 4사분면에 있다.
6) k의 절댓값이 커질수록 그래프는 원점에서 멀어진다.

분수함수의 정의역은 특별한 말이 없는 한 분모를 0으로 하는 x의 값을 제외한 실수 전체의 집합이다.

분수함수 중에서 가장 간단한 $y=\frac{k}{x}$ $(k \neq 0)$에 대하여 알아보자.

분수함수 $y=\frac{1}{x}$의 그래프는 $x(x \neq 0)$의 값에 대응하는 y의 값을 구하여 대응표를 만들고, 이 표에 따라 그래프를 그리면 다음 그림과 같은 한 쌍의 곡선이 된다. 이 그래프는 원점에 대하여 대칭이며 쌍곡선이다.

개념문제

※ 다음 함수의 그래프를 그려라.

1 $y=\frac{1}{x}$

2 $y=-\frac{4}{x}$

해답

1 생략 2 생략

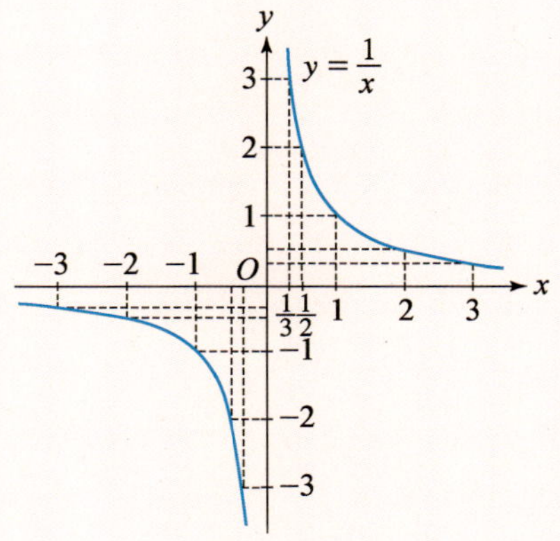

분수함수 $y=\frac{k}{x}(k\neq0)$의 그래프는 실수 k의 여러 값에 따라 대응표를 만들어 그리면 아래 그림과 같은 모양의 쌍곡선이다.

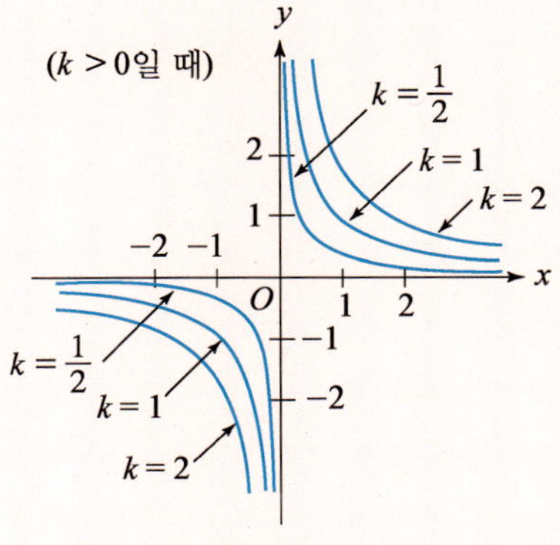

이 그래프에서 x의 절댓값이 커지거나 작아질 때 곡선 위의 점은 x축 또는 y축에 가까워진다. 이렇게 곡선 위의 점이 원점에서 한없이 멀어질수록 일정한 직선에 가까워질 때 이 일정한 직선을 그 곡선의 **점근선**이라 한다.

수학자의 뜻밖의 본업

수학자가 수학으로 밥을 먹게 된 것은 오늘날이므로 옛 수학자들은 어떤 직업으로 생계를 꾸려나가며 연구를 했을까? 뉴턴은 조폐국장을, 페르마는 행정관과 지방의회 의원을 했고, 탈레스와 피보나치는 상인 출신이었고, 데카르트는 수도사, 네이피어는 군인이었으며 카바리엘은 내무부 장관을 역임하고 귀족원 건축사로도 활동하였다고 한다. 카르다노는 의대 교수였다고도 하니 과거의 수많은 수학자들은 생업을 유지하면서도 틈틈이 연구하여 이런 업적을 이룬 것이니 놀라지 않을 수 없다.

개념문제

3 다음 함수들을 원점에서 가까운 함수부터 나열하여라.

ㄱ. $y=\frac{1}{x}$

ㄴ. $y=\frac{-2}{x}$

ㄷ. $y=\frac{5}{x}$

ㄹ. $y=\frac{-1}{2x}$

해답

3 ㄹ, ㄱ, ㄴ, ㄷ

다음 그래프의 점근선은 x축, y축이다.

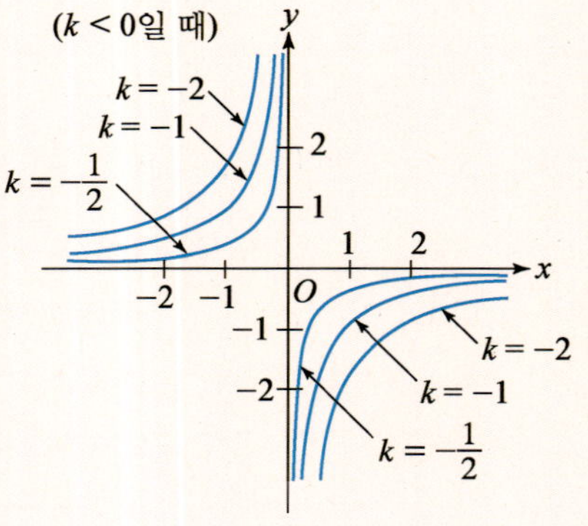

분수함수 $y=\frac{k}{x}$의 역함수는 자기 자신이므로 이 그래프는 직선 $y=x$에 대하여 대칭이다.

(2) $y=\frac{k}{x-m}+n$의 그래프

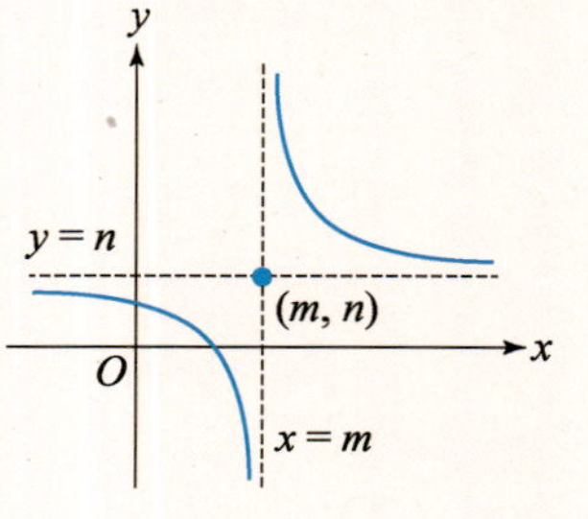

1) $y=\frac{k}{x}$의 그래프를 x축 방향으로 m, y축 방향으로 n만큼 평행 이동한 그래프이다.
2) 점근선의 방정식: $x=m$, $y=n$
3) 점 (m, n)에 대하여 대칭인 직각 쌍곡선이다.
4) 정의역은 $x \neq 0$인 모든 실수이고, 치역은 $y \neq 0$인 모든 실수이다.
5) 분수함수의 그래프에서 k값이 서로 같으면 m, n의 값에 관계없이 평행이동이나 대칭이동에 의해 서로 겹쳐질 수 있다.
6) 두 점근선의 교점 (m, n)을 지나고 기울기가 1이나 -1인 직선, 즉 $y=(x-m)+n$, $y=-(x-m)+n$에 대하여 대칭이다.

개념문제

※ 다음 함수의 그래프를 그리고 점근선의 방정식을 구하여라.

4 $y=\frac{1}{x-3}+7$

5 $y=-\frac{2}{x+2}+5$

6 $y=\frac{x}{x-3}$

7 $y=\frac{6x+4}{x+2}$

해답

4 점근선 : $x=3$, $y=7$
5 점근선 : $x=-2$, $y=5$
6 점근선 : $x=3$, $y=1$
7 점근선 : $x=-2$, $y=6$

분수함수 $y=\dfrac{3x-1}{x-1}$의 그래프는 주어진 함수를 변형하면

$$y=\frac{3x-1}{x-1}=\frac{3(x-1)+2}{x-1}=\frac{2}{x-1}+3$$

이 되므로, 분수함수 $y=\dfrac{2}{x}$의 그래프를 x축 방향으로 1만큼, y축 방향으로 3만큼 평행이동한 것이다. 그리고 점근선의 방정식은 $x=1$, $y=3$임을 알 수 있다.

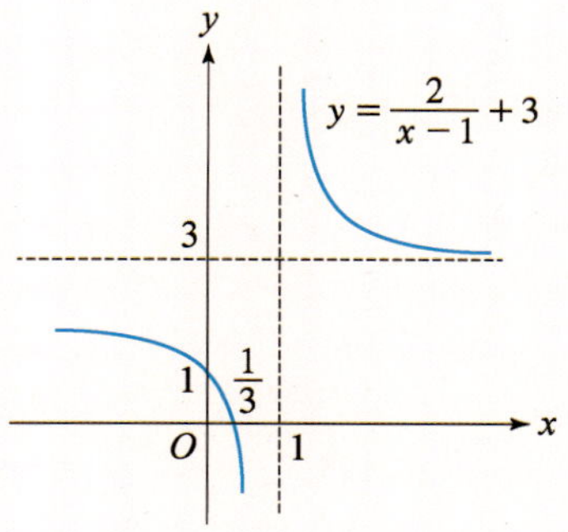

일반적으로, 분수함수 $y=\dfrac{ax+b}{cx+d}$의 그래프는 위와 같은 방법으로 변형하여

$$y=\frac{k}{x-p}+q\ (k\neq 0)$$

모양으로 만들면, 점근선은 $x=p$, $y=q$이고 분수함수 $y=\dfrac{k}{x}$의 그래프를 평행이동한 것으로 그릴 수 있다.

(3) $y=\dfrac{ax+b}{cx+d}$의 그래프의 점근선

1) 점근선 $x=-\dfrac{d}{c}$, $y=\dfrac{a}{c}$ ⇒ 대칭의 중심 $\left(-\dfrac{b}{a}, \dfrac{c}{a}\right)$

2) 역함수 $f^{-1}(x)=\dfrac{-bx+d}{ax-c}$ (b, c의 부호와 위치만 바뀐다.)

3) 역함수를 구할 때는 x에 대해서 식을 정리한 후에 x와 y의 위치를 바꾼다.
   ① $y=f(x)$에서 x를 y에 대한 식으로 정리한다.
   ② x와 y를 바꾸어 $y=f^{-1}(x)$로 나타낸다.

개념문제

8 분수함수 $y=\dfrac{x+3}{x-2}$의 역함수는?

9 분수함수 $y=\dfrac{2x-5}{x+1}$의 역함수는?

해답

8 $y=\dfrac{2x+3}{x-1}$

9 $y=\dfrac{-x-5}{x-2}$

2 무리함수

함수 $y=f(x)$에서 $f(x)$가 x에 관한 무리식일 때 이 함수를 **무리함수**라고 한다.

(1) $y=\sqrt{ax}$와 $y=-\sqrt{ax}$의 그래프

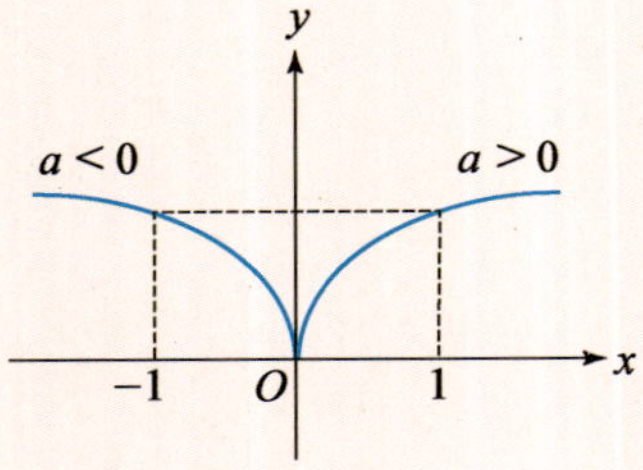

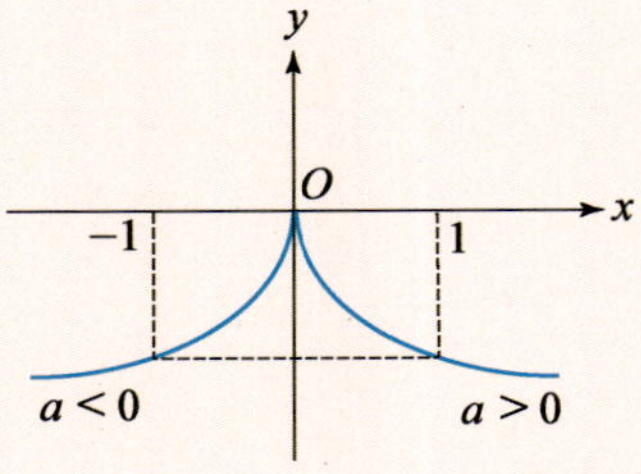

1) **정의역** : $\{x \mid ax \geq 0\}$

2) **치역** : $y=\sqrt{ax}$ 일 때 $\{y \mid y \geq 0\}$

$y=-\sqrt{ax}$ 일 때 $\{y \mid y \leq 0\}$

(2) $y=\sqrt{a(x-p)}+q$ $(a \neq 0)$의 그래프

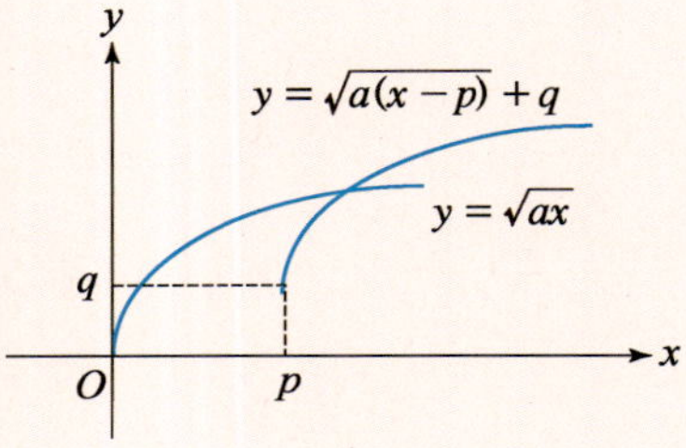

1) $y=\sqrt{ax}$를 x축으로 p, y축으로 q만큼 평행이동한 그래프이다.

구고현의 정리

우리나라의 유산은 보물들도 많지만 탑이나 절과 같이 큰 건축물도 많이 찾아볼 수 있다. 그런데 우리 선조들은 어떻게 이처럼 거대한 구조물을 만들 수 있었을까? 이런 거대한 구조물을 만들기 위해서는 피타고라스의 정리가 필요했을 것이다. 지면과 수직으로 벽돌을 쌓고 해야 하기 때문인데 그럼 우리 선조들은 피타고라스 정리를 알고 있었을까? 당시 선조들이 알았던 정리에는 다음과 같은 말이 있었다고 한다. "구를 3, 고를 4라고 할 때 현은 5가 된다." 이 정리는 중국에서 3000년 전에 진자라는 사람이 발견했다고 하여 진자의 정리라고도 한다.

개념문제

※ 다음 함수의 그래프를 그리고 정의역과 치역을 구하여라.

10 $y=\sqrt{3x}$

11 $y=\sqrt{-3x}$

12 $y=-\sqrt{3x}$

13 $y=-\sqrt{-3x}$

해답

10 정의역 : $\{x \mid x \geq 0\}$, 치역 : $\{y \mid y \geq 0\}$

11 정의역 : $\{x \mid x \leq 0\}$, 치역 : $\{y \mid y \geq 0\}$

12 정의역 : $\{x \mid x \geq 0\}$, 치역 : $\{y \mid y \leq 0\}$

13 정의역 : $\{x \mid x \leq 0\}$, 치역 : $\{y \mid y \leq 0\}$

2) **정의역** : $\{x | a(x-p) \geq 0\}$

3) **치역** : $\{y | y \geq q\}$

무리함수 $y=\sqrt{ax}$의 그래프를 그려보자.

함수 $y=x^2$에서 정의역을 $\{x | x \geq 0\}$으로 정하면 치역은 $\{y | y \geq 0\}$이고, $y=x^2$은 전단사함수, 즉 일대일 대응이다.

따라서 역함수가 존재하고 이 역함수를 구하면 무리함수 $y=\sqrt{x}$이다. 이 무리함수의 정의역은 $\{x | x \geq 0\}$임을 알 수 있다. 그러므로 무리함수 $y=\sqrt{x}$의 그래프는 $y=x^2(x \geq 0)$의 그래프와 직선 $y=x$에 대하여 대칭임을 알 수 있다.

일반적으로 무리함수 $y=\sqrt{ax}$의 정의역은 $ax \geq 0$이어야 하므로

$$a>0\text{일 때, } \{x | x \geq 0\}$$
$$a<0\text{일 때, } \{x | x \leq 0\}$$

이다. 그리고 치역은 $\{y | y \geq 0\}$이다.

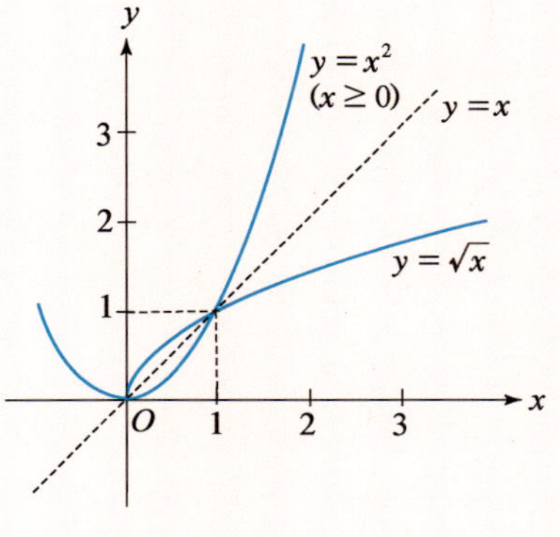

토끼와 거북이의 경주

그리스의 철학자 제논은 역설로서 수학자들을 괴롭혔다. 역설이란 이론적으로는 옳지만 현실적으로는 말이 안 되는 것을 말한다. 토끼와 거북이가 경주를 할 때 거북이가 몇 미터만 앞에서 출발하게 되면 토끼는 절대 거북을 이길 수 없다는 논리이다. 왜 그럴까? 예를 들어 거북이가 10미터 앞에서 출발한다 치자. 토끼가 거북이 있는 곳까지 갈 동안에 거북은 단 몇 미터라도 더 앞으로 나아갈 것이다. 그러면 토끼가 다시 그 몇 미터를 따라잡을 동안에 거북은 아주 조금이라도 전진하게 된다. 이런 식으로 계산을 하다보면 결국 토끼는 거북을 잡을 수 없다는 논리이다. 실제 수학적으로는 말이 되지 않지만 논리적으로는 틀리지 않은 것이 있을 수도 있다.

개념문제

※ 다음 함수의 그래프를 그리고 정의역과 치역을 구하여라.

14 $y=\sqrt{x-1}+4$

15 $y=\sqrt{10-5x}-3$

해답

14 정의역 : $\{x | x \geq 1\}$,
치역 : $\{y | y \geq 4\}$

15 정의역 : $\{x | x \leq 2\}$,
치역 : $\{y | y \geq -3\}$

무리함수 $y = \sqrt{ax}$ 에서 a의 값에 따라 그 그래프를 그리면 다음 그림과 같다.

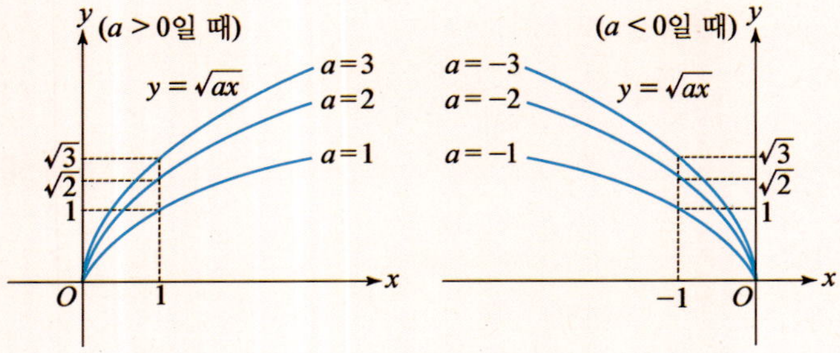

무리함수 $y = \sqrt{ax}\,(a \neq 0)$와 무리함수 $y = -\sqrt{ax}\,(a \neq 0)$는 x축에 대하여 서로 대칭이다.

또한 무리함수 $y = \sqrt{ax}\,(a \neq 0)$의 역함수는 $y = \dfrac{1}{a}x^2\,(x \geq 0)$이므로, 이 무리함수의 그래프는 그 역함수의 그래프를 직선 $y = x$에 대하여 대칭이동한 것이다.

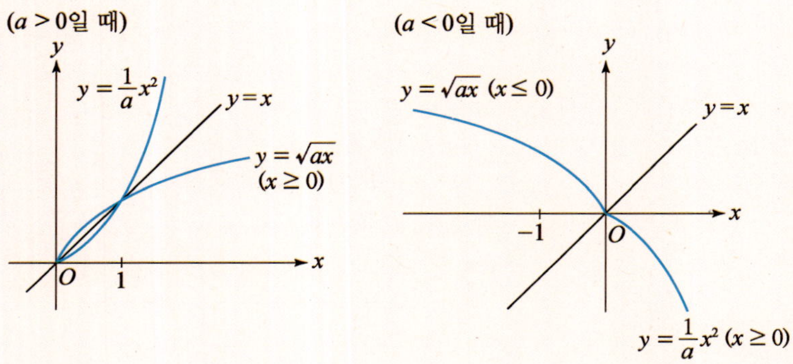

63빌딩의 높이를 재는 간단한 방법

63빌딩의 높이는 어느 정도 될까? 쉽게 높이를 직접 잴 수 있는 방법은 없을까? 이것을 중학생에게 설문 조사했더니 옥상에서 줄자를 길게 내려서 잰다는 것에서 한 층의 높이를 재어서 63을 곱한다까지 여러 가지 의견이 나왔다고 한다. 그러나 수학의 닮음을 이용하면 초등학생 수준에서도 손쉽게 잴 수가 있다. 오후 2시쯤에 땅에 4미터짜리 막대를 63빌딩 옆에 세워놓고 그림자 길이를 잰다. 그 다음 63빌딩의 그림자를 재는데, 낮이라서 그림자 길이가 그리 길지는 않을 것이다. 예를 들면 막대 그림자가 0.5미터이고 63빌딩의 그림자는 31미터가 되면 0.5 : 4 = 31 : x로 비례식을 풀면 248미터라는 높이가 나온다.

개념문제

※ 다음 함수의 그래프를 그리고 정의역과 치역을 구하여라.

16 $y = -\sqrt{3x-15} - 7$

17 $y = -\sqrt{-5x-10} + 2$

해답

16 정의역 : $\{x \mid x \geq 5\}$, 치역 : $\{y \mid y \leq -7\}$

17 정의역 : $\{x \mid x \leq -2\}$, 치역 : $\{y \mid y \leq 2\}$

이상을 정리하면 무리함수 $y=\sqrt{ax}\,(a\neq 0)$의 그래프는 다음 성질이 있다.

무리함수 $y=\sqrt{ax}\,(a\neq 0)$의 그래프

1. 정의역은 $a>0$일 때 $\{x|x\geq 0\}$, $a<0$일 때 $\{x|x\leq 0\}$이고, 치역은 $\{y|y\geq 0\}$이다.
2. 함수 $y=\frac{1}{a}x^2(x\geq 0)$의 그래프와 직선 $y=x$에 대하여 대칭이다.
3. 무리함수 $y=-\sqrt{ax}\,(a\neq 0)$의 그래프와 x축에 대하여 대칭이다.

(3) 무리함수 $y=\sqrt{a(x-p)}+q\ (a\neq 0)$의 역함수

$y=f(x)$를 x에 대해서 식을 정리한 후에 x와 y의 위치를 바꾼다. 이때, 주어진 무리함수의 치역이 역함수의 정의역이다.

1) $y=f(x)$에서 x를 y에 대한 식으로 정리한다.

2) x와 y를 바꾸어 $y=f^{-1}(x)$로 나타낸다.

3) $y=f^{-1}(x)$의 정의역은 $y=f(x)$의 치역,
$y=f^{-1}(x)$의 치역은 $y=f(x)$의 정의역이다.

4) $y=f(x)$와 $y=f^{-1}(x)$의 그래프의 교점은 $y=f(x)$의 그래프와 직선 $y=x$의 교점과 같다.

수학에서 0으로 나누는 것은 의미가 없을까?

우리는 수학문제를 풀면서 왜 0으로 나누면 안 됩니까?라는 질문을 받으면 어떤 수를 0으로 나누는 것은 말이 안 되는 것으로 간주해왔다. 그럼 나눗셈의 정의를 따져보면 A를 B로 나누면 X가 된다고 할 때, 곱셈식으로 바꾸면 $B\times A$라는 식을 얻을 수 있다. 그럼 0이 아닌 수 1을 0으로 나눈다고 하면 $0\times X=1$이 되고 X에 어떤 수를 넣어도 좌변은 0이 되고 우변은 1이므로 이 식을 만족하는 수는 없어서 의미가 없다. 그러나 0을 0으로 나누는 것도 의미가 없을까? 이것을 마찬가지로 곱셈식으로 풀어보면 $0\times X=0$이 되고 아까와는 달리 X가 어떤 수라도 모두 성립함을 알 수가 있다. 하지만 답이 무수히 많게 나오기 때문에 하나로 결정되지는 않는다. 따라서 이것을 인정한다면 수학 전체에 혼란이 일어날 수도 있어서 이것 역시 현재 사용하지는 않는다.

개념문제

※ 다음 함수의 역함수를 구하여라.

18 $y=\sqrt{2x+4}$

19 $y=-\sqrt{x+2}-6$

해답

18 $y=\frac{1}{2}x^2-2\ (x\geq 0)$

19 $y=(x+6)^2-2\ (x\leq -6)$

수학 토론 및 팀 활동

① 유리함수와 무리함수의 그래프 모양을 정복하라!

유리함수는 분모에 미지수가 있는 분수 형태의 함수로 기본 그래프는 x축과 y축을 점근선으로 하는 직각 쌍곡선을 이루고 있다. 또 평행이동으로 위치를 변화시키거나 곱해져 있는 상수 값의 절댓값이나 부호에 따라서 폭이나 방향이 달라지기도 한다.

무리함수 역시 루트 속에 미지수를 포함하고 있는 함수로 기본 그래프의 모양은 제1, 2, 3, 4사분면 중 하나를 향하는 곡선의 모양을 하고 있고, 역시 평행이동에 의해서 위치를 변화시키거나 또는 곱해진 상수의 크기나 부호에 따라서 곡선의 휘어진 폭이나 방향이 달라진다.

활동 1 팀별로 유리, 무리함수의 그래프에 맞는 그림을 설정하고 유리, 무리함수들로 구성된 밑그림을 그린 후 그 그림을 유리, 무리함수들로 표현해보자.

활동 2 그려진 그림들을 함수별로 그래프 모양이 맞는지 확인하고 그림 발표를 통해서 처음 의도했던 그림이 맞는지 다른 조들이 맞추는 활동을 해보고 어느 팀이 잘 했는지 팀별로 평가해보자.

② 더 많은 그래프를 활용해서 더 정교한 그림을 그려보자!

앞에서 유리, 무리함수로 여러 가지 그림을 그려보았다. 이제는 우리가 배운 모든 그래프를 동원하여 더 다양한 표현으로 그림을 더 자세히 그려보자.

직선의 모양을 하고 있는 일차함수, 포물선의 모양을 하고 있는 이차함수뿐만 아니라, 원의 방정식이나 다음 단원에서 배울 지수나 로그의 그래프 그리고 삼각함수의 그래프를 활용해도 괜찮다. 자, 수학의 그래프들이 얼마나 다양하고 많은 선들을 표현할 수 있는지 도전해보자!

활동 1 팀별로 어느 함수들을 쓸지 기본 사용 함수를 설정하고 설정에 맞는 밑그림을 좌표평면 위에 그린 후 선이나 곡선들을 함수로 표현해보자. 참고로 검색을 통해서 하트 모양의 함수나 그 외 다양한 함수를 따와서 표현해도 괜찮다.

활동 2 표현된 식들을 컴퓨터 수식 프로그램에 돌려서 실제로 그래프의 모습도 관찰해보자.

위대한
수학자

오일러

스위스의 수학자 · 물리학자. 수학 · 천문학 · 물리학 분야에 국한되지 않고, 의학 · 식물학 · 화학 등 많은 분야에 걸쳐 광범위하게 연구하였다. 수학 분야에서 미적분학을 발전시키고, 변분학을 창시하였으며, 대수학 · 정수론 · 기하학 등 여러 방면에 걸쳐 큰 업적을 남겼다.

바젤 출생. 주로 독일 · 러시아의 학사원을 무대로 활약하였고, 해석학의 화신(化身), 최대의 알고리스트(algorist: 數學者) 등으로 불렸다. 그의 연구는 수학 · 천문학 · 물리학 분야에 국한되지 않고, 의학 · 식물학 · 화학 등 많은 분야에 광범위하게 걸쳐 있다. 처음에는 목사가 되기 위하여 바젤 대학에서 신학과 헤브라이어를 공부하였으나, 수학에서 J. 베르누이의 관심을 끌어 곧 D. 베르누이, N. 베르누이와 사귀었다. 이와 같이 베르누이가(家) 사람들의 조언과 상트페테르부르크 학사원에 간 베르누이 형제의 소개로, 처음에는 그 학사원의 의학부에 이어서 수학부에 적을 두었다.

1740년 프리드리히 대왕의 초청을 받아 베를린으로 이주하였다. 그 후 24년간 베를린 학사원의 수학부장으로서 연구에 몰두하였으나 점차 궁정에서의 인기가 떨어져 다시 예카테리나 여제(女帝)의 청을 받자 1766년에 상트페테르부르크로 돌아왔다. 후에 시력을 잃고 시각장애인이 되었으나 천부적인 기억력과 강인한 정신력으로 연구를 계속하였다. 수학자로서의 연구를 시작한 시기는 뉴턴이 죽은 시기에 해당하여 해석기하학 · 미적분학의 개념은 갖추어져 있었으나 조직적 연구는 초보단계로 특히 역학 · 기하학의 분야는 충분한 체계가 서 있지 않았다.

이러한 미적분학을 발전시켜 《무한해석 개론 Introduction in Analysis Infinitorum》(1748) 《미분학 원리 Institutiones Calculi Differontial》(1755) 《적분학 원리 Institutiones Calculi Integrelis》(1768~1770), 변분학(變分學: 극대 또는 극소의 성질을 가진 곡선을 발견하는 방법)을 창시하여 역학을 해석적으로 풀이하였다.

이 밖에도 대수학 · 정수론(整數論) · 기하학 등 여러 방면에 걸쳐 큰 업적을 남겼다. 그중에도 삼각함수의 생략기호(sin, cos, tan)의 창안이나 '오일러의 정리' 등은 널리 알려져 있다. 베를린 시대에 프리드리히 대왕의 질녀에게 자연과학을 가르치기 위하여 쓴 《독일 왕녀에게 보내는 편지》는 당시 계몽서로서 유명하였으며 7개 국어로 번역 출판되었다.

–네이버 지식백과, 두산백과–

연습문제

Lesson

06

유리, 무리함수

학 과	
학 번	
이 름	
제출일	

01 함수 $y=\dfrac{7}{2x-8}-5$의 그래프의 점근선의 방정식이 $x=a$, $y=b$일 때, 상수 a, b의 합 $a+b$의 값을 구하여라.

02 함수 $y=\dfrac{1}{x-2}+8$의 그래프는 $y=\dfrac{1}{x}$의 그래프를 x축의 방향으로 p만큼, y축의 방향으로 q만큼 평행 이동한 것이다. 이때, 상수 p, q의 곱 pq의 값을 구하여라.

03 평행이동 $f:(x,\ y)\rightarrow(x+p,\ y+q)$에 대해서 함수 $y=\dfrac{2x+8}{x+3}$의 그래프가 다른 함수 $y=\dfrac{4x-2}{x-1}$로 옮겨질 때 p, q의 값을 구하여라.

04 점근선의 방정식이 $x=-2$, $y=3$이고, 점 $(2,\ 0)$을 지나는 분수함수의 식을 $y=\dfrac{ax+b}{x-c}$라 할 때, 상수 a, b, c의 합 $a+b+c$의 값을 구하여라.

05 함수 $y=\frac{bx+c}{x+a}$의 그래프가 점 $(7, 3)$를 지나고 두 직선 $x=3$, $y=2$을 점근선으로 할 때, 상수 a, b, c의 곱 abc의 값을 구하여라.

06 함수 $y=\frac{-x+3}{x-2}$에 대하여 정의역이 $\{x|-2 \le x \le 3\}$일 때, 이 함수의 치역의 범위를 구하여라.

07 유리함수 $y=\frac{x+3}{x-2}$의 역함수를 구하여라.

08 분수함수 $y=\frac{2}{3x+a}+b$의 그래프의 점근선의 방정식이 $x=-\frac{1}{3}$, $y=4$일 때, 상수 a, b의 합 $a+b$의 값을 구하여라.

09 함수 $y=\dfrac{ax+2}{x+b}$의 정의역이 $\{x|x\neq-1$인 실수$\}$, $\{y|y\neq3$인 실수$\}$일 때, 상수 a, b의 합 a, b의 합 $a+b$의 값을 구하여라.

10 함수 $y=\dfrac{x+2}{x+1}$의 그래프를 x축의 방향으로 1만큼, y축의 방향으로 1만큼 평행 이동한 함수의 역함수의 그래프와 함수 $y=\dfrac{ax+b}{cx-2}$의 그래프가 겹쳐진다. 이때, 상수 a, b, c의 합 $a+b+c$의 값을 구하여라.

11 함수 $y=\dfrac{-2x-4}{x+1}$의 그래프가 지나지 않는 사분면을 구하여라.

12 함수 $y=\sqrt{-3x+a}+b$의 그래프는 함수 $y=\sqrt{-3x}$의 그래프를 x축의 방향으로 3만큼, y축의 방향으로 4만큼 평행 이동한 것이다. 상수 a, b의 값을 구하여라.

13 무리함수 $y=\sqrt{x-a}-2$의 정의역이 $\{x|x\geq 3\}$이고, 치역이 $\{y|y\geq b\}$일 때, 상수 a, b의 합 $a+b$의 값을 구하여라.

14 무리함수 $y=\sqrt{3x-12}+5$의 그래프는 $y=a\sqrt{x}$의 그래프를 x축의 방향으로 p만큼, y축의 방향으로 q만큼 평행 이동한 것이다. 이때, $a+p+q$의 값을 구하여라. (단, a, p, q는 상수이다.)

15 점 $(-2,\ 2)$를 지나는 함수 $y=\sqrt{-ax}$의 그래프를 y축의 방향으로 b만큼 평행 이동한 후 x축에 대하여 대칭이동하면 점 $(-8,\ -4)$을 지난다고 한다. 이때, 상수 a, b에 대하여 a^2+b^2의 값을 구하여라. (단, $a\neq 0$)

16 $2\leq x\leq a$에서 함수 $y=\sqrt{3x-2}-7$의 최솟값이 m, 최댓값이 1일 때, 상수 a, m의 값에 대하여 $a+m$의 값을 구하여라.

17 함수 $y=\sqrt{2x+4}-1$의 역함수가 $y=a(x+b)^2+c$ $(x \geq d)$일 때, 상수 a, b, c, d의 곱 $abcd$의 값은?

18 함수 $f(x)=\sqrt{x-2}-3$에 대하여 $(f \circ f)(a)=-2$일 때, 상수 a의 값을 구하여라.

19 두 함수 $f(x)=\sqrt{2-x}-1$, $g(x)=\sqrt{3x+10}+5$에 대하여 $(f \circ g^{-1})^{-1}(1)$의 값을 구하여라.

20 함수 $y=\sqrt{2-x}$의 그래프와 $y=-2x+k$가 서로 다른 두 점에서 만나도록 하는 실수 k의 값의 범위를 구하여라.

성찰일지

Lesson 06

유리, 무리함수

학번 : ____________________

학과 : ____________________

이름 : ____________________

단원 테스트

학번 : ____________________

학과 : ____________________

이름 : ____________________

1. 다음 함수의 점근선의 방정식을 구하여라.

$$y=\frac{1}{x-3}+7$$

2. 유리함수 $y=\dfrac{x+3}{x-2}$ 의 역함수는?

3. 다음 함수의 정의역과 치역을 구하여라.

$$y=-\sqrt{x-3}$$

4. 다음 함수의 정의역과 치역을 구하여라.

$$y=\sqrt{-2x+5}$$

5. 무리함수 $y=-\sqrt{x-2}+5$의 역함수는?

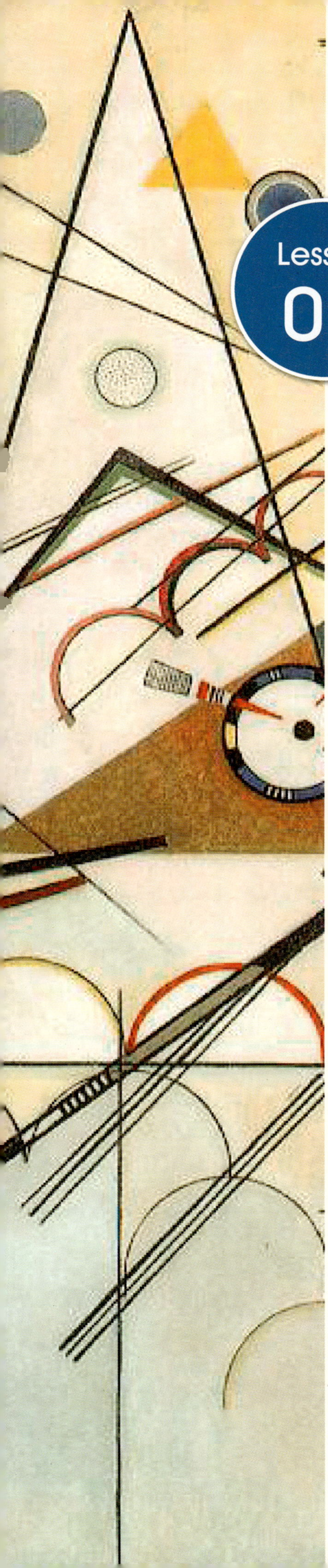

Lesson 07

지수와 지수함수

Exponential Function

학습목표

지수함수 단원에서는 제곱근의 성질과 지수법칙을 학습하고 지수의 성질을 통해서 지수함수의 그래프와 방정식, 부등식을 통해서 지수함수의 활용능력을 기르는 게 이 단원의 목표이다.

“수학은 수학자들을 위해 기록된다. -코페르니쿠스”

“수학은 우리가 진실을 볼 수 있도록 도와주는 거짓말일까. -박기현”

“수학은 위대한 인물이 되지 못할 사람들에게는 불필요한 교육이다. -드릴로”

“수학은 인간에게 뭔가 새로운 감각을 하나 더 갖게 한다. -다윈”

“수학은 인종을 구별하지 않는다. 수학에서 모든 문화적 세계는 하나다. -힐베르트”

실생활에 자주 등장하는 지수함수

지수함수는 처음에는 증가율이 적다가 나중에는 증가율이 폭발적으로 커진다. 복리를 적용하는 은행 이자에서 원리합계는 지수함수 형태로 늘어난다. 특히 신용카드 빚이나 대출에 의한 빚의 경우 빨리 해결하지 않으면 나중에는 이자가 원금보다 커지는 경우를 종종 볼 수 있다. 그래서 대출은 신중하게 고려해서 결정해야 한다. 또한 동물세계의 개체수의 증가도 지수함수의 형태이다. 처음에는 개체수가 적더라도 조건만 맞으면 그 개체수는 폭발적으로 증가한다. 정비례 함수 못지않게 중요하게 쓰이는 함수가 지수함수이다.

미적 체험을 활용한 스토리텔링 수학

칸딘스키의 콤퍼지션 Ⅷ (미국 구겐하임 미술관)

예술적 호기심

1. 화가는 무엇을 보고 이 그림을 그렸을까?
2. 이 그림에 담긴 화가의 감정은 무엇일까?
3. 이 그림의 재료는 무엇을 썼을까?
4. 이 그림의 구도에 대하여 이야기해보자.
5. 색채에 대하여 느낀 점을 이야기해보자.

수학적 호기심

6. 이 그림에서 영원히 만날 수 없는 선이 있는데 어떤 선일까?
7. 이 그림에 숨어 있는 삼각형은 몇 개일까?
8. 이 그림에서 찾을 수 있는 도형은 어떤 것일까?
9. 이 그림에서는 어떤 함수들의 그래프를 찾을 수 있을까?
10. 이 단원인 지수함수의 그래프 모양이 있는지 찾아보자.

논리추론 문제 열린 창문의 개수는 몇 개인가?

상황

한 학교가 있다. 이 학교는 10층짜리 건물이고, 건물에는 창문이 있는데 가로 10개, 세로 10개 총 100개의 창문이 있습니다. 청소시간이 되어 선생님은 자기반 학생 100명을 창문 청소를 시키기 위해서 운동장에 다 집합시켰다. 학생은 1번부터 100번까지 자기 번호를 가지고 있는 학생들이다.

행동 조건

지금 학교의 모든 100개의 창문은 다 닫혀 있다. 선생님은 100명의 학생들에게 다음과 같이 행동을 명령하였다. "자, 지금부터 모든 학생들은 자기 번호의 배수에 해당되는 창문들로 각각 가서 열려 있으면 닫고, 닫혀 있으면 열어 놓고 다시 운동장으로 와라!" 즉 자기 번호의 배수에 해당되는 창문들은 반대로 열린 것은 닫고, 닫힌 것은 열어 놓고 오라는 것이다. 1번 학생은 1에서 100까지 모두가 자기 자신의 배수이므로 100개의 모든 창문을 반대로 해놓고 와야 할 것이지만, 100번 학생은 100번만이 유일한 배수이므로 100번 창문 한 개에만 가서 반대로 하고 오면 된다.

문제

자 여기서 문제. 100명의 학생이 모두 충실하게 임무를 완수하고 운동장으로 다 돌아왔을 때 열려 있는 창문의 개수는 100개 중 총 몇 개일까?

우리는 흔히 웹이나 학술 논문에서 지수함수라는 용어를 접할 수 있다.
다음은 웹상의 학술 논문에서 지수함수 용어가 사용된 예이다.

실시간 관측정보에 따른 이안류 경보지수함수 연구

최준우, 임채호, 윤영범(2013)

해양학논문

해운대 해수욕장 이안류 안전사고의 예방을 목적으로, 다양한 해상조건에 따른 시뮬레이션을 기반으로 정량화된 이안류 발생가능성으로부터 추정된 실시간 관측 자료에 따라 경보할 수 있도록 하는 이안류 경보지수함수를 연구하였다. 이안류 발생 정도를 정량화하기 위해 Chi et al. (2011, 2012b)이 boussinesq 모델링과 이안류 발생 가능계수의 정의를 사용하였고 이안류 관련 파랑특성과 같은 관측 물리량에 대하여 발생 가능 시나리오를 수립하여 광범위하고 정도 높은 시뮬레이션을 수행하므로 그에 따른 이안류 발생 가능 정도의 분포를 추정하였다. 이 추정된 분포에 부합하는 적절한 경험함수를 도출하고 그 함수를 현실적으로 관측가능 해상조건에 따라 지수화하였다. 본 연구에서 2011년 6월부터 9월까지 운영된 해운대 파랑부의 관측 자료를 제시한 이안류 위험지수함수에 적용하고 몇 차례 CCTV를 통해 확인된 이안류 발생지점에 대하여 적용한 결과를 제시하고 고찰한다. 더불어 향후 개선방향에 대하여 논의한다. (논문 초록 발췌)

비정질실리콘 태양전지에 대한 장시간 성능예측: 확장지수함수 모형 및 컴퓨터 모의실험

박상현, 유종훈(2012)

물리학 논문

태양광에 노출되어 있는 동안 비정질실리콘 태양전지에서 일어나는 장시간 성능변화에 대해서 연구하였다. 그리고 결함밀도의 운동학 모형을 통해서 태양광으로 인한 태양전지 성능변화를 예측하였다. 그리고 결함밀도의 운동학 모형을 통해서 태양광으로 인한 태양전지 성능변화를 예측하였다. 특히, 전하운반자 수명이 결함밀도에 의해서 크게 영향을 받기 때문에 비정질실리콘 태양전지의 광유도 성능감소(light-induced degradation)가 확장지수함수 완화법칙(stretched-exponential relaxation)을 따르는 결함밀도에 의해서 물리적으로 설명된다. 그리고 확장지수함수 완화법칙과 AMPS-1D 컴퓨터 프로그램의 모의실험에 의해서 비정질실리콘 태양전지의 광유도 성능감소를 계산했고 모의실험의 결과를 옥외에 설치한 태양전지의 측정데이터에 비교하였다. 본 연구는 상온에서 다음과 같은 특성을 갖는 전형적인 비정질실리콘 pin 태양전지에 대해서 모의실험을 진행했다. (논문 초록 발췌)

이렇듯 수학뿐만 아니라 해양학, 물리학, 천문학, 공학 등 다양한 분야에 걸쳐서 지수함수는 큰 영향을 미치고 있고 또 그 용어가 활용되고 있다.

지수와 지수함수

1 거듭제곱근

(1) 거듭제곱

어떤 수 a를 n번 거듭 곱한 것을 a의 n**제곱**이라 하고, a^n에서 a를 밑, n을 지수라 하고 a, a^2, a^3, a^4, $\cdots$을 통틀어 a의 **거듭제곱**이라 한다.

(2) 거듭제곱근

1) n제곱하여 실수가 되는 수, 즉

$$x^n = a$$

를 만족하는 수 x를 a의 n**제곱근**이라 하고, a의 제곱근, 세제곱근, 네제곱근, $\cdots$을 통틀어 a의 거듭제곱근이라고 한다.

2) 함수 $y=x^n$의 그래프와 직선 $y=a$의 교점의 x좌표는 a의 n제곱근 중 실수인 것이다.

① n**이 홀수일 때** : 실수 a의 값에 관계없이 $x=\sqrt[n]{a}$로 오직 하나 존재한다. 즉 $a>0$이면 $\sqrt[n]{a}$이고, $a=0$이면 0이고, $a<0$이면 $\sqrt[n]{a}$이다.

② n**이 짝수일 때** : $a>0$이면 $\sqrt[n]{a}$, $-\sqrt[n]{a}$이고, $a=0$이면 0이고, $a<0$이면 없다.

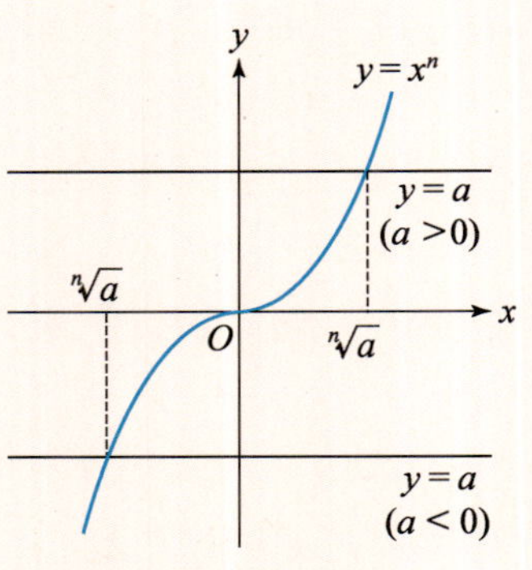

n이 홀수일 때

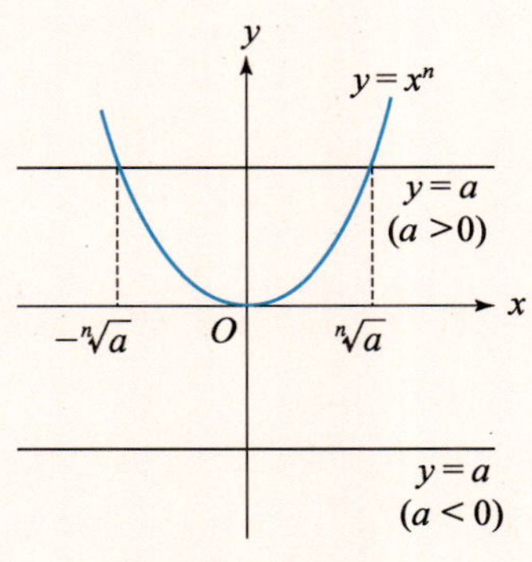

n이 짝수일 때

개념문제

※ 보기에서 옳은 것을 모두 골라라.

1 64의 세제곱은 4이다. ( )

2 8의 네제곱근은 ±2이다. ( )

3 4는 64의 세제곱근 중의 하나이다. ( )

4 -81의 네제곱근 중 실수인 것은 $\sqrt[4]{-81}$이다. ( )

5 25의 제곱근은 ±5이다. ( )

6 -4의 제곱근은 -2이다. ( )

7 $\sqrt[3]{-27}$은 -3이다. ( )

해답			
1 ×	2 ×	3 ○	4 ×
5 ○	6 ×	7 ○	

(3) 거듭제곱근의 성질

양수 a, b와 자연수 m, n $(m,n \geq 2)$에 대하여

① $\sqrt[n]{a}\sqrt[n]{b} = \sqrt[n]{ab}$

② $\dfrac{\sqrt[n]{a}}{\sqrt[n]{b}} = \sqrt[n]{\dfrac{a}{b}}$

③ $(\sqrt[n]{a})^m = \sqrt[n]{a^m}$

④ $\sqrt[m]{\sqrt[n]{a}} = \sqrt[mn]{a} = \sqrt[n]{\sqrt[m]{a}}$

⑤ $\sqrt[np]{a^{mp}} = \sqrt[n]{a^m}$ (단, p는 양의 정수)

2 지수의 성질

(1) 지수가 정수인 경우

0이 아닌 실수 a와 양의 정수 n에 대하여

$$a^0 = 1, \quad a^{-n} = \frac{1}{a^n}$$

(2) 지수가 유리수인 경우

양수 a와 정수 m, $n(n \geq 2)$에 대하여

$$a^{\frac{1}{n}} = \sqrt[n]{a}, \quad a^{\frac{m}{n}} = \sqrt[n]{a^m}$$

(3) 실수로 확장된 지수법칙

양수 a, b와 실수 m, n에 대하여

① $a^m \times a^n = a^{m+n}$

② $(a^m)^n = a^{mn}$

③ $(ab)^n = a^n b^n$

⑤ $\left(\dfrac{a}{b}\right)^m = \dfrac{a^m}{b^m}$

④ $a^m \div a^n = a^{m-n}$

개념문제

※ 다음 식을 계산하여라.

8 $\sqrt[3]{2} \times \sqrt[3]{4} =$(　　)

9 $\dfrac{\sqrt[4]{729}}{\sqrt[4]{9}} =$(　　)

10 $\sqrt[3]{\sqrt{64}} =$(　　)

11 $\sqrt[4]{(-3)^4} =$(　　)

12 $25^{\frac{3}{4}} \times 25^{-\frac{1}{4}} =$(　　)

13 $9^{-0.5} =$(　　)

해답		
8 2	9 3	10 2
11 3	12 5	13 $\frac{1}{3}$

3 지수함수의 그래프

(1) 지수함수

실수 전체의 집합을 정의역으로 하는 함수

$$y=a^x \ (a>0,\ a\neq 1)$$

을 a를 밑으로 하는 **지수함수**라 한다.

(2) 지수함수 $y=a^x \ (a>0,\ a\neq 0)$의 그래프

1) $a>1$인 경우

2) $0<a<1$인 경우

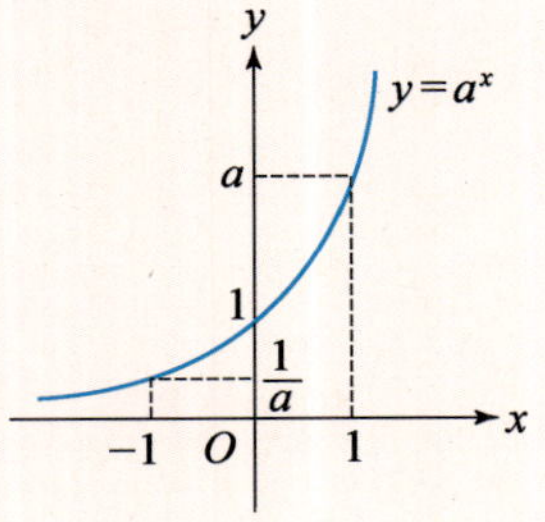

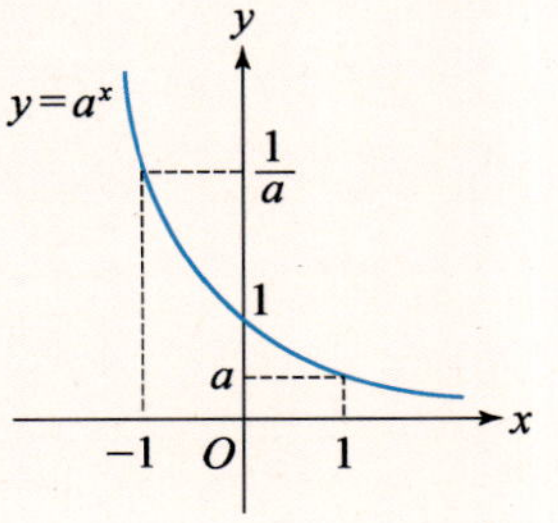

(3) 지수함수 $y=a^x \ (a>0,\ a\neq 1)$의 그래프의 성질

1) **정의역** : $\{x \mid x$는 모든 실수$\}$

치역 : $\{y \mid y$는 $y>0$인 실수$\}$

2) 점 $(0,\ 1)$을 항상 지난다.

3) 직선 $y=0$(x축)을 점근선으로 한다.

4) $a>1$일 때, x의 값이 증가하면 y의 값도 증가한다.

$0<a<1$일 때, x의 값이 증가하면 y의 값은 감소한다.

5) $y=a^x$의 그래프를 x축 방향으로 m만큼, y축 방향으로 n만큼 평행이동하면 $y=a^{x-m}+n$이다.

(4) 지수함수의 최대 · 최소

1) $a>1$인 경우

$y=a^x$은 증가함수 $\Rightarrow$ x가 최대이면 y도 최대, x가 최소이면 y도 최소이다.

개념문제

14 함수 $y=2^x$의 그래프를 평행이동하여 겹쳐질 수 있는 것을 보기에서 모두 골라라.

ㄱ. $y=16\cdot 2^x$

ㄴ. $y=4^x+3$

ㄷ. $y=\left(\frac{1}{2}\right)^x-1$

ㄹ. $y=\left(\frac{1}{2}\right)^{-x}+1$

해답

14 ㄱ, ㄹ

2) $0 < a < 1$**인 경우**

$y = a^x$은 감소함수 $\Rightarrow$ x가 최대이면 y는 최소, x가 최소이면 y는 최대이다.

3) 제한된 변역이 있는 함수 $\Rightarrow$ 그래프 이용한다.

4) a^x의 꼴이 반복되는 경우 $\Rightarrow$ $a^x = t\,(t > 0)$로 치환한다.

4 지수방정식과 지수부등식

(1) 지수방정식의 풀이

$a > 0,\ a \neq 1,\ b > 0,\ b \neq 1$에 대하여

1) **밑이 같은 경우**

$a^{f(x)} = b^{g(x)} \Leftrightarrow$ 방정식 $f(x) = g(x)$를 푼다.

2) **항이 세 개 이상인 경우**

$a^x = X(X > 0)$로 치환하여 X에 대한 방정식으로 푼다.

(2) 지수부등식의 풀이

$a > 0,\ a \neq 1,\ b > 0,\ b \neq 1$에 대하여

1) **밑이 같은 경우**

① $a > 1$일 때, $a^{f(x)} > a^{g(x)} \Leftrightarrow f(x) > g(x)$

② $0 < a < 1$일 때, $a^{f(x)} > a^{g(x)} \Leftrightarrow f(x) < g(x)$

2) **항이 세 개 이상인 경우**

$a^x = X(X > 0)$로 치환하여 X에 대한 부등식으로 푼다.

개념문제

15 지수방정식

$4^{x^2} = \left(\frac{1}{\sqrt{2}}\right)^{8x}$을 만족하는 x의 값의 합을 구하여라.

16 부등식

$\left(\frac{1}{4}\right)^{2x-1} > 2\sqrt{2} > \left(\frac{1}{2}\right)^{x-6}$을 만족하는 정수 x의 개수를 구하여라.

해답	
15 -2	16 2개

5 여러 가지 지수 성질

(1) 실수 a의 n제곱근

a의 n제곱근은 방정식 $x^n = a$를 만족하는 x의 값이므로, a의 n제곱근 중 실수인 것은 다음 표와 같다.

n \ a	$a>0$	$a=0$	$a<0$
n이 짝수	$\sqrt[n]{a}$, $-\sqrt[n]{a}$	0	없다
n이 홀수	$\sqrt[n]{a}$	0	$\sqrt[n]{a}$

(2) 거듭제곱근의 대소의 비교

1) 밑을 같게 하여 대소를 비교한다. 이때,
   $0<$(밑)<1인 경우는 지수가 작은 쪽이 큰 수
   (밑)>1인 경우는 지수가 큰 쪽이 큰 수

2) 밑을 같게 고쳐서 할 수 없을 때에는 지수를 같게 하여 밑을 비교한다.
   지수는 분수로 고쳐서 각 분모의 최소공배수를 이용하여 통분하는데 밑이 큰 쪽이 큰 수이다.

페르마의 정리에 대한 재미있는 일화

페르마는 유명한 수학자이자 어려운 문제를 여러 개 남긴 것으로 유명한데 그중 페르마의 정리가 대표적이다. $x^n \times y^n = z^n$ (단, n은 3 이상의 자연수)을 만족하는 x, y, z는 존재하지 않는다. 또한 페르마는 자신의 책 귀퉁이에 이런 말을 남겼다. "나는 경이적인 방법으로 이 정리를 증명했다. 하지만 여백이 너무 좁아서 적지는 않겠다." 당대 내로라하는 많은 수학자들이 증명에 도전을 했지만 모두 실패했다. 하지만 350년이 지나 1994년에 영국의 수학자 엔드루 와일스에 의해 증명이 되어서 정수론이 무궁무진하게 발전한 계기가 되었는데 1990년대에 뉴욕의 지하철에서는 이러한 낙서가 발견되기도 했다. "나는 페르마의 정리를 경이로운 방법으로 증명했다. 그러나 지금 지하철이 오고 있어 여기에 적을 시간이 없다."

개념문제

17 세 수 4^{16}, 8^{10}, 2^{40}의 대소 관계를 바르게 나타내어라.

해답

17 $8^{10} < 4^{16} < 2^{40}$

(3) 지수방정식을 풀 때, 자주 실수하는 문제

1) 밑이 1일 때에는 지수가 같지 않아도 성립한다.

즉 $a^{f(x)}=a^{g(x)} \Leftrightarrow f(x)=g(x)$ 또는 $a=1$

2) 지수가 0일 때에는 밑이 같지 않아도 성립한다.

즉 $m^{f(x)}=n^{f(x)} \Rightarrow m=n$ 또는 $f(x)=0$ (단, m, n은 양수)

(4) $p^x=t$로 치환하여 자주 실수하는 문제

1) $a(p^x)^2+bp^x+c=0$의 두 근이 α, β일 때

$at^2+bt+c=0$의 두 근은 p^α, p^β이다.

2) $a(p^x)^2+bp^x+c=0$의 근의 개수는

$at^2+bt+c=0$의 부호가 양인 근의 개수와 같다.

새는 숫자를 몇까지 구별할까?

영국에서 전해내려 오는 재미있는 이야기가 있다. 옛날 어떤 성의 처마 밑에 까마귀가 둥지를 틀고 있었는데, 신경이 쓰인 성주는 까마귀를 퇴치하고자 하였다. 그런데 성주가 둥지로 접근하면 까마귀는 멀리 나뭇가지로 날아가 버려서 잡히지 않았다. 그래서 두 사람이 와서 처마 밑에 한 사람은 숨어 있고 한 사람은 나뭇가지로 가 있었는데 영리한 까마귀는 숨어 있는 사람이 나오기 전까지 둥지로 가지 않는 것이었다. 성주는 끝까지 포기하지 않고 세 사람 네 사람 계속 늘려가면서 숨어 있게 했는데 다섯 사람인 때에 까마귀는 둥지로 가다가 사람에게 잡혔다. 즉 새는 4와 5의 경계를 구분하지 못한다고 한다. 예로 어미 새는 알이 네 개나 다섯 개일 때 알이 하나 없어져도 알아채지 못한 경우가 많다고 한다.

개념문제

18 다음 지수방정식의 해를 구하여라.

$$2(2^x)^2-5\times2^x+2=0$$

19 다음 지수방정식의 해를 구하여라.

$$9\left(\frac{1}{3^x}\right)^2-6\times\frac{1}{3^x}+1=0$$

해답

18 $x=1$ 또는 $x=-1$

19 $x=1$

수학 토론 및 팀 활동

① 지수법칙을 설명하라!

지수법칙은 다음과 같다.

1. $a^m \times a^n = a^{m+n}$
2. $(a^m)^n = a^{mn}$
3. $(ab)^n = a^n b^n$
4. $\left(\dfrac{a}{b}\right)^n = \dfrac{a^m}{b^m}$
5. $a^0 = 1,\ a^{-n} = \dfrac{1}{a^n}$
6. $a^{\frac{1}{n}} = \sqrt[n]{a},\ a^{\frac{m}{n}} = \sqrt[n]{a^m}$
7. $a^m \div a^n = a^{m-n}$

활동 1 조별로 이 지수법칙들을 설명해보고 특히 5번 법칙에서 지수가 0인 경우의 해석에 대해서 의견을 발표해보자.

활동 2 지수가 음수인 경우 그 수는 실제로 음수가 아니라 역수로 해석하는데 지수에서의 음수는 실제 음수와 연관성이 없는 이유를 조별로 생각해보고 발표해보자.

② 지수에서의 의문점

하나. 지수에서 $(-2)^x$에 $x=1$을 대입하면 결과는 -2로 음수이다. 또 $x=2$를 대입하면 결과는 4로 양수이다. 그러면 $x=1.5$를 대입하면 그 결과는 양수일까 음수일까?

둘. 지수함수를 정의할 때 밑은 1이 아니며 양수인 수 중에서 정의하고 있다. 그냥 일반적인 지수 계산에서는 밑이 음수인 수들도 계산이 가능하기도 한데 왜 지수함수를 이야기할 때는 밑을 음수로 하면 안 되는 것일까?

활동 1 위의 의문들에 대해서 팀별로 토론하여 발표해보자.

활동 2 일상 속의 여러 가지 식 중 지수가 포함되어 있는 식들을 검색하여 찾아보고 어떤 특징이 있는 상황에서 지수식을 포함하는지 조별로 발표해보자.

위대한 수학자

데카르트

프랑스의 철학자 · 수학자 · 물리학자. 근대철학의 아버지로 불리는 데카르트의 형이상학적 사색은 방법적 회의(懷疑)에서 출발한다. “나는 생각한다, 고로 나는 존재한다(cogito, ergo sum)”라는 근본원리가 《방법서설》에서 확립되어, 이 확실성에서 세계에 관한 모든 인식이 유도된다.

투렌라에에서 태어났다. 근세사상의 기본 틀을 처음으로 확립함으로써 근세철학의 시조로 일컬어진다. 그는 세계를 몰가치적(沒價値的) · 합리적으로 보는 태도(과학적 자연관)를 정신의 내면성의 강조(정신의 형이상학)와 연결 지어 이를 이원론(二元論)이라고 하였다. 이원론은 동시에 근세사상 전체에 통하는 이원성의 표현이다. 프랑스 중부의 관료귀족 집안 출신으로 생후 1년 만에 어머니와 사별하고 10세 때 예수회의 라 플레슈 학원에 입학, 프랑수아 베롱에게 철학을 배웠다. 1616년 푸아티에 대학에서 법학을 공부했다. 학교에서 배운 스콜라적 학문에 불만, 세상을 통해 배울 것을 결심하고 여행에 나섰다. 1618년에는 지원 장교로서 네덜란드 군에 입대했다. 수학자 베이크만과 알게 되어, 물리수학적 연구에 자극을 받아 ‘보편수학(普遍數學)’의 구상에 이르렀다. 1620년 군대를 떠나 유럽 각지를 전전하다가 1625년부터 파리에 체재, 광학(光學)을 연구한 끝에 ‘빛의 굴절법칙’을 발견하였다.

1641년 형이상학의 주저 《성찰록 Meditationes de Prima Philosophia》, 1644년에는 《철학의 원리 Principia philosophiae》를 출간하였다. 이를 전후하여 데카르트 사상의 혁신성이 세상의 주목을 받기 시작, ‘자유로운 나라’였던 네덜란드도 캘빈파(派) 신학자들의 박해로 살기 어려운 곳이 되었다. 그 무렵 스웨덴의 크리스티나 여왕으로부터 초청을 받아 1649년 가을 스톡홀름으로 가서 지내던 중 폐렴에 걸려 생애를 마쳤다.

근대철학의 아버지로 불리는 데카르트는 수학자로서는 기하학에 대수적 해법을 적용한 해석기하학의 창시자로 알려졌다.

물체에는 무게라는 실재적 성질이 있기 때문에 떨어지는 경향이 있다고 설명하는 스콜라적 자연학에 만족하지 못하고, 물리수학적 연구를 통하여 물질, 즉 연장(延長)이라는 기계론적 자연관으로 이끌려갔다. 그의 형이상학적 사색은 이른바 방법적 회의(懷疑)에서 출발한다.

학문에서 확실한 기초를 세우려 하면, 적어도 조금이라도 불확실한 것은 모두 의심해 보아야 하는데, 세계의 모든 것의 존재를 의심스러운 것으로 치더라도 이런 생각, 즉 의심을 하는 자신의 존재만은 의심할 수가 없다. 그리하여 “나는 생각한다, 고로 나는 존재한다(cogito, ergo sum)”라는 근본원리가 《방법서설》에서 확립되어, 이 확실성에서 세계에 관한 모든 인식이 유도된다. 의심하고 있는 불완전한 존재에서 무한히 완전한 존재자의 관념이 결과할 리가 없다는 데서 신의 존재가 증명되고, 신의 성실이라는 것을 매개로 하여 물체의 존재도 증명된다.

더욱이 정신은 사고하는 것만으로, 다시 말하면 신체 없이도 존재할 수 있기 때문에 심신의 실재적 구별도 확정된다. 이리하여 정신과 물체가 서로 독립된 실체로 세워지고 이 물심이원론에 의해 기계론적 자연관의 입장의 기초가 마련된다. 그러나 인간에게서 심신결합의 사실을 인정하지 않으면 도덕의 문제를 풀 수 없기 때문에, 이 물심분리와 심신결합의 모순 조정에 데카르트 이후 형이상학의 주요한 관심이 쏠리게 되었다.

–네이버 지식백과, 두산백과–

연습문제

Lesson

07

지수와 지수함수

학 과	
학 번	
이 름	
제출일	

01 $\dfrac{\sqrt{\sqrt{3^3}}}{\sqrt{3^3}} \times \sqrt[3]{3^2} = 3^{\frac{a}{b}}$ (a, b는 서로소인 정수)일 때, ab의 값을 구하여라.

02 $\dfrac{\sqrt[3]{108}}{\sqrt[3]{54}} \times \sqrt[3]{16} = a \times \sqrt[3]{4}$ 에서 a의 값을 구하여라.

03 $2^{x+2} = 4a$일 때, 4^x의 값을 a로 나타내어라.

04 1이 아닌 양수 a에 대하여 $\sqrt[5]{a\sqrt[3]{a\sqrt[3]{a}}} = a^{\frac{m}{n}}$ 일 때, $m+n$을 구하여라. (단, m, n은 서로소인 자연수)

05 $\sqrt{a^3b} \div \sqrt[3]{a^4b^2} \times \sqrt[6]{a^5b^4} = a^xb^y$일 때, $x+y$의 값을 구하여라. (단, $a>0$, $b>0$이고, $a \neq 1$, $b \neq 1$)

06 $a^{\frac{1}{2}} + a^{-\frac{1}{2}} = 2$일 때, $a^{32} + a^{-32}$를 구하여라. (단, $a>0$, $a \neq 1$)

07 $5^a = 20^b = x$이고 $\dfrac{1}{a} + \dfrac{1}{b} = 4$일 때, 실수 x의 값을 구하여라.

08 지수함수 $f(x) = a^x$ $(a>0,\ a \neq 1)$에 대하여 $f(x+3) - 3f(x+1) = 2f(x+2)$가 성립할 때, $f(2)$의 값을 구하여라.

09 함수 $y=3^{-x}$의 그래프를 평행 이동하였더니 다음 그림과 같이 함수 $y=3^{-x+a}+b$의 그래프가 되었다. 이때, $a-b$의 값은?

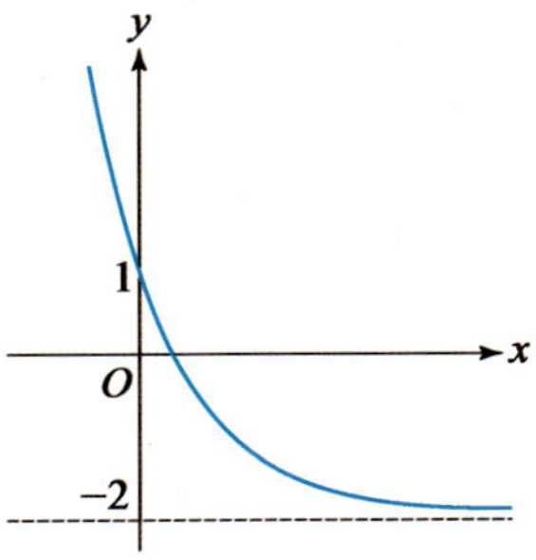

10 $-1 \leq x \leq 2$에서 정의된 함수 $y=\left(\frac{3}{2}\right)^x$의 최댓값을 M, 최솟값을 m이라 할 때, $M-m$의 값은?

11 함수 $y=9^x+9^{-x}-4(3^x+3^{-x})$의 최솟값을 a라 하고, 그때의 x의 값을 b라 할 때, $a+b$의 값은?

12 함수 $y=2^{2x}-4\cdot2^x+3$ $(0 \leq x \leq 2)$의 최댓값과 최솟값의 차는?

13 지수방정식 $4^x - 9 \cdot 2^x + 8 = 0$의 두 근을 α, β라 할 때, $\alpha - \beta$의 값은? (단, $\alpha > \beta$)

14 연립방정식 $\begin{cases} 2^{x-1} + 3^{y+1} = 11 \\ 2^{x+2} - 3^{y-1} = 15 \end{cases}$를 만족하는 실수 x, y의 값을 각각 α, β라 할 때, $\alpha + \beta$의 값은?

15 부등식 $\left(\frac{1}{4}\right)^{2x-1} < 2\sqrt{2} < \left(\frac{1}{2}\right)^{x-6}$을 만족하는 정수 x의 개수는?

16 다음 지수부등식 $9^x + a \cdot 3^x + b < 0$의 해는 $-1 < x < 0$이고,
부등식 $\left(\frac{1}{9}\right)^x + 3a\left(\frac{1}{3}\right)^x + 9b < 0$의 해가
$\alpha < x < \beta$일 때, $\alpha + \beta$의 값을 구하여라.
(단, a, b는 상수)

17 부등식 $\left(\frac{1}{4}\right)^{2x-1} < 2\sqrt{2} < \left(\frac{1}{2}\right)^{x-6}$ 을 만족하는 정수 x의 개수는?

18 지수방정식 $4^{x^2} = \left(\frac{1}{\sqrt{2}}\right)^{8x}$ 을 만족하는 x의 값의 합을 구하여라.

19 세 종류의 미생물 A, B, C의 수를 각각 조사하였더니 그 개체수가 A는 2시간마다 2배로, B는 3시간마다 3배로, C는 6시간마다 6배로 증가하였다. A, B, C의 1시간 후의 개체 수는 각각 처음의 a배, b배, c배로 증가한다고 할 때, a, b, c의 대소 관계를 나타내어라.

20 어떤 방사성 물질은 시간이 지남에 따라 일정한 비율로 붕괴된다고 한다. 질량이 x인 물질이 붕괴되기 시작한 지 t년 후의 질량은 $xa^{\frac{t}{2}}$ $(a>0)$이 된다고 한다. 붕괴가 시작한 지 10년 후의 질량은 붕괴되기 시작할 때의 질량의 $\frac{1}{2}$이 된다고 할 때, 붕괴가 시작한 지 15년 후의 질량을 x로 나타내어라.

성찰일지

Lesson 07

지수와 지수함수

학번 : ______________________

학과 : ______________________

이름 : ______________________

단원 테스트

학번 : ____________________

학과 : ____________________

이름 : ____________________

1. 다음 식을 계산하여라.

$\sqrt[3]{\sqrt{64}} =$

2. 다음 식을 간단히 하여라.

$\sqrt{x} \times \sqrt[3]{x} \times \sqrt[6]{x} =$

3. 다음 지수 방정식을 풀어라.

$(2^x)^2 - 6 \times 2^x + 8 = 0$

4. 다음 지수 방정식을 풀어라.

$3\left(\frac{1}{3^x}\right)^2 - 10 \times \frac{1}{3^x} + 3 = 0$

5. 다음 지수 부등식을 풀어라.

$4^x < 12 \times 2^x - 32$

Lesson 08

로그와 로그함수

Logarithmic Function

학습목표

로그함수 단원에서는 로그의 정의와 성질에 대해서 학습하고 로그의 성질을 통해서 로그함수의 그래프와 방정식, 부등식을 통해서 로그함수의 활용능력을 기르는 게 이 단원의 목표이다.

로그함수의 쓰임

지수함수의 역함수로 로그함수를 정의하였다. 자연현상 중에는 지수함수의 형태를 이루는 것들이 많은데 지수는 계산이 복잡하기 때문에 사실상 지수함수의 계산은 로그함수를 통하여 이루어진다.

"수학을 모르는 사람이 자연의 아름다움, 아주 깊은 아름다움을 맛보기는 어렵다. -파인만"

"수학을 모르는 자는 세계를 이해하지 못하고 자신의 무지함을 인식조차 못한다. -베이컨"

"수학의 매력은 결과가 절대적으로 확실하다는 데 있다. -루이스 캐롤"

로그의 의미

로그는 곱셈과 나눗셈, 거듭제곱의 계산을 간편하게 해주는 계산법이다.

아래의 표를 보자.

x	1	2	3	4	5	6	7	8	9
y	2	4	8	16	32	64	128	256	512

x는 1부터 시작해서 공차가 1인 등차수열이고 y는 2부터 시작해서 공비가 2인 등비수열이다. x와 y 사이에는 다음과 같은 관계가 있다. $2^x = y$, $\log_2 y = x$ 위 표를 바탕으로 곱셈을 계산해보자. x에는 덧셈과 뺄셈이라는 연산이 정의되고 y에는 곱셈과 나눗셈이 정의된다고 가정하자. 이제 8×32를 계산하고자 한다. y값 8에 대응하는 x는 3이고 y값 32에 대응하는 x는 5이다. 그러면 8×32 대신 그에 해당하는 x값끼리 더한다. 즉, $y : 8 \times 32 \Rightarrow x : 3 + 5 = 8 \Rightarrow x = 8$에 대응하는 $y = 256$ 따라서 $8 \times 32 = 256$이다.

이렇게 등차수열과 등비수열의 대응 표만 있으면 등비수열에서의 곱셈이 덧셈으로 쉽게 바뀐다. 계산기가 없었던 시절에 천문학적 숫자를 더해야 하는 학자들에게 로그는 무척 중요한 계산법이었다. 위의 표도 일종의 로그표이며 밑은 2로 하였다. 이를 보다 효율적으로 적용하기 위해 밑을 10으로 정하고 그에 따른 로그표를 만든 사람이 영국의 수학자 브리그스(Briggs)이다. 오늘날의 상용로그의 개념을 정립한 수학자이다. 또한 로그의 특성을 가장 잘 나타내는 성질은 $\log_a xy = \log_a x + \log_a y$이다. 로그는 곱해져 있는 수를 덧셈으로 분리시키기 때문에 가치 있는 계산법이다. 임의의 양수 x, y에 대해 $f(xy) = f(x) + f(y)$를 만족하는 함수 $f(x)$는 로그함수뿐이다.

미적 체험을 활용한 스토리텔링 수학

클레의 세네치오 (바젤 미술관)

예술적 호기심

1. 이 그림은 누구를 그린 걸까?
2. 작품명 세네치오는 무슨 뜻일까?
3. 그림에서 얼굴의 코와 입을 찾아보자.
4. 그림에서 얼굴의 목은 어떤 모양인가?
5. 색채에 대해서 느낀 점을 이야기해보자.

수학적 호기심

6. 이 그림에서 눈과 눈 주위의 입체도형을 모두 찾아보자.
7. 이 그림에 점대칭 도형을 이루는 도형을 3쌍 찾아보자.
8. 이 그림에 찾을 수 있는 수학적 도형은 어떤 것일까?
9. 이 그림에서 로그 그래프와 비슷한 곡선을 찾아보자.
10. 이 그림의 수학적 부분에 대해서 이야기해보자.

논리추론 문제

벌이 움직인 거리는 총 얼마인가?

상황

서로 거리가 8,000미터 떨어져 있는 두 지점에 자전거와 자동차가 각각 있다. 자전거와 자동차는 서로 마주보며 일정한 속도로 거리를 좁히며 서로 만나기 위해 운행을 하고 있는데 자전거는 초당 5미터의 속도로, 자동차는 초당 20미터의 속도로 서로를 향해 오고 있다.

벌의 이동 규칙

그런데 여기서 벌이 한 마리 있다. 이 벌은 초당 100미터의 아주 빠른 속도로 날아가는데 벌이 움직이는 규칙은 다음과 같다. 처음에 벌은 자전거와 같은 지점에서 자전거와 같이 자동차를 향해 날아간다. 그러면 벌이 훨씬 빠르므로 자동차와 먼저 만날 것이다. 자동차와 만난 벌은 그 속도를 그대로 유지하며 다시 턴해서 자전거 쪽으로 날아온다. 그러면 또 벌은 자전거와 만나게 될 것이다. 그럼 다시 그 속도로 턴해서 자동차 쪽으로 날아간다. 그러니까 자전거와 자동차가 만나는 그 순간까지 벌은 자전거와 자동차 사이를 왔다 갔다 하게 된다.

문제

자 여기서 문제. 자전거와 자동차가 만나는 동안 벌은 아주 많이 둘 사이를 왕복하게 되는데 벌이 총 움직인 거리는 얼마일까?

로그의 뜻

수학적 의미

대수(對數)라고도 한다. a가 1이 아닌 양수일 때, x, y 사이에 $x=a^y$의 관계가 있으면, y를 a를 밑으로 하는 x의 로그라 하고, $\log_a x$로 나타낸다. 이때, x를 y의 진수라 한다. 또 $y=\log_a x$를 x, y 사이의 함수관계로 볼 때 y를 x의 로그함수라고 한다.

로그는 영국의 J. 네이피어가 창안한 것이다. 그는 지수와는 독립적으로 급수로부터 이것을 생각하여 1614년 그 성질을 기술하고 로그표를 첨가한 저서를 썼다. 지수에서 로그를 발견한 사람은 스위스의 J. 뷔르기로서 로그표도 작성하였다. 또 10을 밑으로 하는 상용로그는 영국의 H. 브리그스가 생각해낸 것으로 네이피어도 브리그스에게 조언을 하였다고 한다. 이러한 로그의 발견에 의해서 큰 수의 계산을 쉽게 할 수 있고 당시 매우 성행하고 있던 천문학 등에 크게 이용되었다. 현재와 같이 거듭제곱의 역으로서 설명한 사람은 L. 오일러로서 18세기에 접어든 이후의 일이다.

–네이버 지식백과, 두산 백과–

컴퓨터 게임적 의미

① '로그'(Log)는 컴퓨터나 서버(Server) 등에서 유저(User)의 플레이 정보를 시간에 따라 남기는 기록을 뜻한다. 어떠한 정보를 기록하는지는 게임에 따라 조금씩 다르긴 하지만, 대부분 기본적인 유저의 활동내역은 모두 로그로 남겨 저장하게 된다.

로그는 특히 온라인 게임(Online Game)에서 중요하다. 유저의 활동 등을 기록해 둬야 차후 버그나 해킹, 아이템 복구 등의 문제가 발생했을 때 신속하게 대처할 수 있기 때문이다. 또한 유저간의 분쟁이 일어났을 때도 로그는 중요하게 사용된다. 그렇기 때문에 대부분의 온라인 게임에서는 서버에 접속한 유저의 아이템 구매, 경험치 습득, 채팅 등의 다양한 행동을 로그로 남겨 저장한다.

② 로그(Rogue)는 1980년에 처음 등장한 롤플레잉 게임(RPG, Role Playing Game)으로, 당시 텍스트 위주였던 게임에서 벗어나 던전의 구조나 몬스터 등을 아스키(ASCII)부호를 활용해 시각적으로 표현한 게임이다.

–네이버 지식백과–

로그와 로그함수

1 로그의 뜻과 성질

(1) 로그의 뜻

$a>0$, $a\neq 1$일 때, 양수 b에 대하여 $a^x=b$를 만족하는 실수 x는 오직 하나 존재한다. 이 x를 a를 밑으로 하는 b의 **로그**라고 하며, 이것을

$$x=\underline{\log_a b}$$

↳ $\log_a b$는 $a>0$, $a\neq 1$, $b>0$일 때에만 정의된다.

로 나타낸다. 이때, b를 $\log_a b$의 **진수**라 한다.

(2) 로그의 성질

$a>0$, $a\neq 1$, $x>0$, $y>0$일 때

1) $\log_a 1=0$, $\log_a a=1$

2) $\log_a xy=\log_a x+\log_a y$

3) $\log_a \dfrac{x}{y}=\log_a x-\log_a y$

4) $\log_a x^n=n\log_a x$ (단, n은 실수)

점칠 때 쓰는 막대기

산가지라고 들어본 적이 있는가? 이것은 점칠 때 쓰던 막대기로 원래 중국에서 발명된 것으로 길이가 5센티미터쯤 되는 직사각형 막대기를 늘어놓는 셈의 방식이다. 이로써 갖가지 수를 표현하기도 했지만 더하고 빼는 등의 계산도 하였다. 1의 자리는 모두 세워서 표현하고 10의 자리부터는 가로로 뉘여서 늘어놓는다. 기원전 200년경에는 이 산가지를 붉은색과 검은색으로 나뉘어서 붉은색을 양수, 검은색을 음수로 하여 예로부터 중국에서는 양, 음의 구분을 하기도 했다고 한다.

개념문제

※ 다음을 계산하여라.

1 $\log_3 x=2$

2 $\log_x 27=3$

3 $\log_x \dfrac{1}{100}=-2$

※ 다음 식을 간단히 하여라.

4 $4\log_5 3-2\log_5 9$

5 $\log_3 4\cdot\log_4 9$

6 $\log_2 9+\log_2\left(\dfrac{8}{3}\right)$

해답

1 9	2 3	3 10
4 0	5 2	6 $3+\log_2 3$

(3) 밑의 변환 공식과 그 활용

$a>0,\ a\neq 1,\ b>0,\ b\neq 1,\ c>0,\ c\neq 1$일 때

1) $\log_a b=\dfrac{\log_c b}{\log_c a}$

2) $\log_a b=\dfrac{1}{\log_b a}$

3) $\log_{a^m} b^n=\dfrac{n}{m}\log_a b$ (단, $m\neq 0$)

4) $a^{\log_a b}=b,\ a^{\log_b c}=c^{\log_b a}$

5) $\log_a b\cdot\log_b c\cdot\log_c a=1$

2 로그함수의 그래프

(1) 로그함수의 뜻

지수함수 $y=a^x\,(a>0,\ a\neq 1)$은 실수 전체의 집합에서 양의 실수 전체의 집합으로의 일대일 대응이다. 따라서 지수함수 $y=a^x$은 역함수가 존재한다.

$$y=a^x \Leftrightarrow y=\log_a x$$

이때, 함수 $y=\log_a x$를 a를 밑으로 하는 **로그함수**라 한다.

(2) 로그함수 $y=\log_a x\,(a>0,\ a\neq 1)$의 그래프

1) $a>1$인 경우

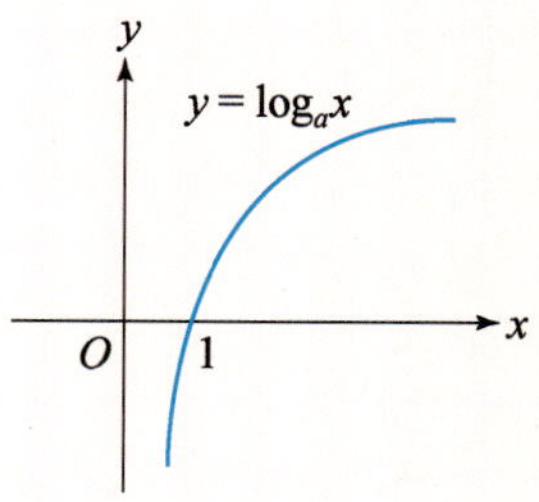

2) $0<a<1$인 경우

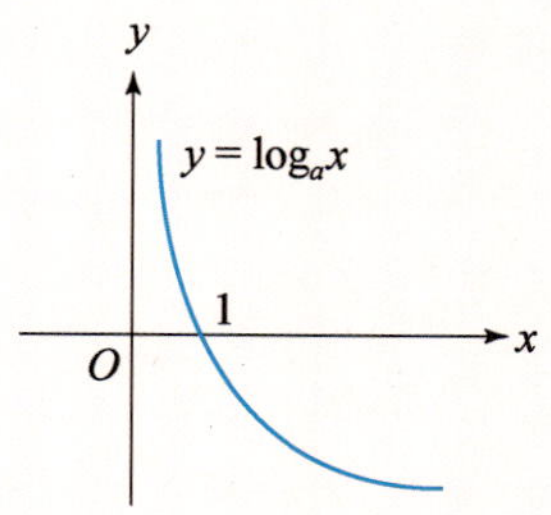

개념문제

※ $\log_5 2=a,\ \log_5 3=b$일 때, 다음 식을 $a,\ b$를 써서 나타내어라.

7 $\log_5\dfrac{16}{27}$

8 $\log_5\dfrac{2}{\sqrt{6}}$

※ 다음 로그함수의 그래프를 그려라.

9 $y=\log_2 x$

10 $y=\log_{0.5} x$

해답

7 $4a-3b$	8 $\dfrac{1}{2}a-\dfrac{1}{2}b$
9 생략	10 생략

(3) 로그함수 $y=\log_a x\,(a>0,\ a\neq 1)$의 그래프의 성질

1) **정의역** : $\{x \mid x$는 $x>0$인 실수$\}$

치역 : $\{y \mid y$는 모든 실수$\}$

2) 점 $(1,\ 0)$을 항상 지난다.

3) 직선 $x=0$(y축)을 점근선으로 한다.

4) $a>1$일 때, x의 값이 증가하면 y의 값도 증가한다.

$0<a<1$일 때, x의 값이 증가하면 y의 값은 감소한다.

(4) 로그함수의 최대, 최소

1) $a>1$**인 경우**

$y=\log_a x$는 증가함수이므로 x가 최대이면 y도 최대, x가 최소이면 y도 최소이다.

2) $0<a<1$**인 경우**

$y=\log_a x$는 감소함수이므로 x가 최대이면 y는 최소, x가 최소이면 y는 최대이다.

3) **제한된 변역이 있는 함수** $\Rightarrow$ 그래프를 이용한다.

4) $\log_a x$**에 대한 다항함수의 경우** $\Rightarrow$ $\log_a x=t$로 치환한다.

소주잔의 숨은 철학

소주를 한 병 시키면 소주잔으로 7잔이 나온다고 한다. 여기에는 소주 매출에 관한 철학이 숨어 있다. 두 사람이 소주 한 병을 시킨다고 치자. 그럼 3잔씩 마시고 한 잔이 남게 돼서 소주 한 병을 더 시키게 되고, 세 사람이 소주 한 병을 시켜도 두 잔씩 마시면 한 잔이 남고 한 병 더 시켜도 두 잔이 남게 되므로 3병을 시켜야 한다. 네 사람이면 한 잔씩 마시면 3잔이 남고 두 병을 시켜도 두 잔이 남아서 추가적으로 계속 시키게 된다. 그럼 한 병만 시켜서 해결하려면 일곱 사람이 와서 한 잔만 먹고 가면 되지 않느냐고 반문할 수가 있는데… 현실적으로 7명이 한 잔만 먹고 가려고 소주 1병만을 시킨다는 것은 이치에 맞지 않으므로 한 병에 7잔만 나오게 한 것이야말로 최고의 상술이 숨어 있는 경영적 마인드가 아닐까 싶다.

개념문제

※ 다음 로그함수의 그래프를 그려라.

11 $y=\log_{\frac{1}{3}}(x+1)$

12 $y=\log_3 9x$

13 $1\le x\le 7$일 때, $y=\log_2(x+1)$의 최대, 최솟값을 구하여라.

해답

11 생략 12 생략

13 최댓값 : 3 최솟값 : 1

(5) 지수함수와의 관계

지수함수 $y=a^x\,(a>0,\ a\neq 1)$은 정의역이 실수의 집합이고 치역이 양의 실수의 집합(일대일 대응)이다. 이 지수함수 $y=a^x$의 역함수를 구하면, 로그의 정의에 의하여 $x=\log_a y$인데 x와 y를 바꾸어 쓰면 $y=\log_a x$, 즉 지수함수 $y=a^x$의 역함수는 $y=\log_a x$이다.

(a >1)

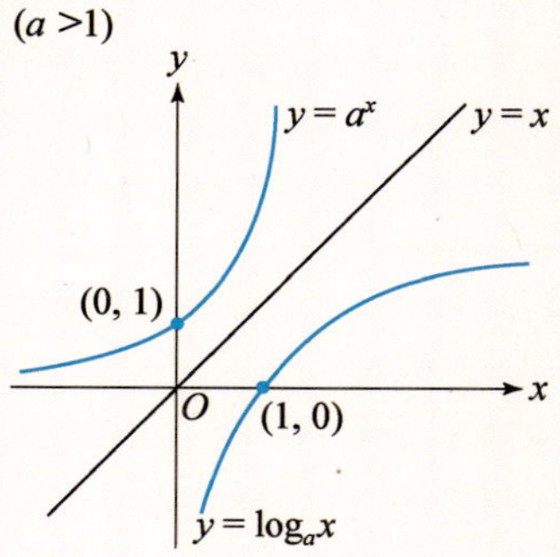

(0 < a <1)

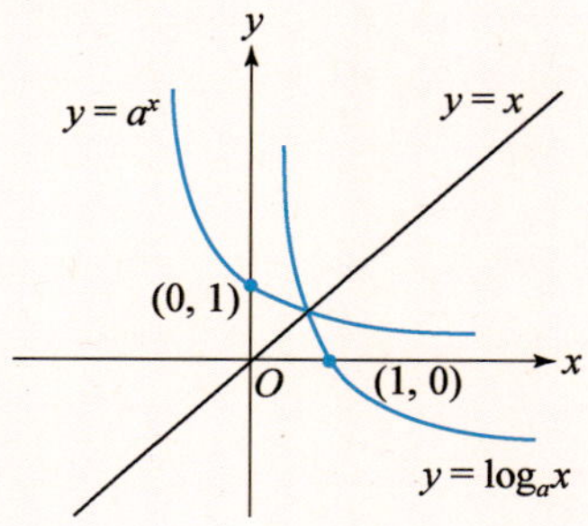

로그함수 $y=\log_a x$

$a>1,\ a\neq 1$인 실수 a에 대하여

1. 정의역은 양의 실수의 집합이다.
2. 치역은 실수의 집합이다.
3. x가 증가할 때,
   $a>1$이면, y의 값도 증가한다.
   $0<a<1$이면, y의 값은 감소한다.
4. 그래프는 점 $(1,\ 0)$을 지난다.
5. 점근선의 y축$(x=0)$이다.
6. $y=\log_a x \Leftrightarrow x=a^y$
7. 로그함수 $y=\log_a x$는 지수함수 $y=a^x$의 역함수이다.

사람과 10의 배수의 관계

사람들은 알게 모르게 10의 배수에 집착을 하는 경향이 있다. 수능이 100일 남았다든지 돈의 단위도 천 원, 만 원으로 한다든지 등등… 10진법을 사용하고 무의식적이지만 그것에 집착하는 경향이 있다. 그럼 사람은 왜 10의 배수에 집착하는 것일까? 정답은 의외로 단순하다. 사람의 손가락이 10개이기 때문이라고 한다. 수를 센다든지 원시시대부터 지금까지 10개가 모든 것의 기준이 되었을 것이다. 만약 사람의 손가락이 11개이면 우리는 아마 지금쯤 11진법을 쓰고 있을지도 모를 일이다.

개념문제

※ 다음 함수의 역함수를 구하여라.

14 $y=2^x$

15 $y=\log_{\frac{1}{3}} x$

해답

14 $y=\log_2 x$　　15 $y=\left(\frac{1}{3}\right)^x$

3 로그방정식과 로그부등식

(1) 로그방정식의 풀이

$a>0,\ a\neq 1,\ f(x)>0,\ g(x)>0$에 대하여

1) $\log_a f(x)=\log_a f(x) \Leftrightarrow f(x)=g(x)$

2) $\log_a f(x)=b \Leftrightarrow f(x)=a^b$

3) **항이 세 개 이상인 경우** : $\log_a x=X$로 치환하여 X에 대한 방정식으로 푼다.

4) **밑과 지수에 미지수가 있는 경우** : 양변에 로그를 취한다.

벌집은 왜 육각형일까?

삼각형이나 사각형으로도 가능한데 왜 벌들은 집을 육각형으로 짓는 것일까?
둘레의 길이가 같은 도형들은 삼각형, 사각형보다는 모양이 원에 가깝게 될수록 그 면적이 넓어진다. 하지만 집 모양을 원으로 해서는 빈틈없이 이어서 붙일 수가 없기 때문에 정삼각형, 정사각형이나 정육각형 모양으로 집을 지어야 빈틈없이 공간을 꽉 차게 메울 수가 있다. 그렇다면 벌들은 왜 정육각형을 선택했을까?
정삼각형이 가장 견고한 구조이기는 하지만 상대적으로 정육각형보다 방마다의 면적은 좁으면서 재료는 두 배가 필요하다. 정사각형으로 지으면 면적은 넓어지지만 사각형 구조이다 보니 견고하지가 못하고 조그마한 충격에도 흔들리기 쉽다.
반면 정육각형으로 집을 지으면 많은 변들이 서로 맞닿아 있어서 면적도 넓으면서 매우 안정적이다. 실제로 벌들은 1밀리미터도 되지 않는 벽으로 새끼를 키우고, 꿀을 저장할 수 있는 넓은 공간도 확보해서 벌집 무게의 3배나 되는 꿀을 저장하고 있다.

개념문제

※ 다음 로그방정식의 해를 구하여라.

16 $\log_2(x-1)=\log_4(3-x)$

17 $\log 2x+\log(x-1)=\log(x^2+3)$

해답

16 $x=2$　　17 $x=3$

(2) 로그부등식의 풀이

$a>0,\ a\neq 1,\ f(x)>0,\ g(x)>0$에 대하여

1) $\log_a f(x) > \log_a g(x)$**의 꼴**

① $a>1$일 때, $\log_a f(x) > \log_a g(x) \Leftrightarrow f(x) > g(x)$

② $0<a<1$일 때, $\log_a f(x) > \log_a g(x) \Leftrightarrow f(x) < g(x)$

2) $\log_a f(x) > b$**의 꼴**

① $a>1$일 때, $\log_a f(x) > b \Leftrightarrow f(x) > a^b$

② $0<a<1$일 때, $\log_a f(x) > b \Leftrightarrow f(x) < a^b$

3) **항이 세 개 이상인 경우**

$\log_a x = X$로 치환하여 X에 대한 부등식으로 푼다.

생일이 같을 놀라운 확률 이야기

학교에 다니다 보면 생일이 같은 친구를 많이 만나게 된다. 과연 나와 생일이 같을 확률은 얼마나 될까? 가장 친한 친구와 나의 생일이 같을 확률은 얼마일까?
1년을 365일로 정하면 1/365이 된다. 이것을 소수로 나타내면 약 0.27퍼센트로 희박하다. 그래서 또 다른 친구를 불러서 3명 중 생일이 같을 확률을 알아보면, 3명 중에서 2명만 생일이 같을 확률과 3명의 생일이 모두 같을 확률을 더한 것이다. 그런데 과연 저 방법이 쉬울까? 굉장히 어렵게 느껴진다. 그래서 사용하는 방법이 여사건의 확률이다! 즉 생일이 같을 확률을 구하는 것이 아니라 생일이 다를 확률을 구한 후 전체 확률 1에서 빼는 것이다.
그럼 다시 2명의 생일이 다를 확률을 알아보자.
364/365가 된다. 한 명의 생일을 정해 놓으면 다른 한 명은 그 날짜만 아니면 된다. 또 다른 친구를 불러 3명의 생일이 각각 다를 경우는 나머지 2명의 생일과 같으면 안 된다. 같은 방법으로 계속 하다 보면 임의로 뽑은 10명의 생일이 제각각 다를 확률은 약 0.8830이 나온다. 즉 다시 말해 10명 중 생일이 같은 사람이 있을 확률은 1-0.8830=0.1170으로, 약 11.7퍼센트가 된다.
한 반의 구성원이 30명인 경우 생일이 같은 친구가 있을 확률은 50퍼센트가 조금 넘는 정도이지만 인원수가 많아질수록 이 확률은 급속히 커져 50명이 모였을 때 생일이 같은 사람은 놀랍게도 97퍼센트가 된다.

개념문제

※ 다음 로그부등식의 해를 구하여라.

18 $\log_2(x+2)-\log_2(x-1)<2$

19 $\log_{0.5}(x^2-19)-\log_{0.5}(x-5)<\log_{0.5}5$

해답

18 $2<x$　　19 $x>5$

수학 토론 및 팀 활동

① 로그의 발생 이유를 알고 로그의 성질을 이해하여라.

로그라는 것은 지수를 계산하는 과정에서 발생하는 무리수의 해들에 대해서 표현하고자 만들어진 것이다. 즉 $2^x=4$의 해는 2라는 것은 명백하다. 또 $2^x=8$의 해는 3이라는 것도 쉽게 알 수 있다. 그러면 $2^x=5$의 해는 얼마일까?

아마도 로그가 없었다면 해를 2.XXXX⋯ 정도로 밖에는 답하지 못했을 것이다. 즉 해는 무리수이고 우리가 대수적인 계산으로는 찾기가 힘들기 때문이다. 이런 상황에서 로그의 필요성이 발생하였다. 비록 해는 무리수일지라도 이런 무리수들의 연산이 가능하려면 먼저 어떤 형태로든 표현이 되어야 하고, 따라서 로그는 이런 무리수의 해를 표현하게 해주는 역할을 하고 있는 것이다.

우리가 배운 내용으로는 $2^x=5$의 해를 로그로 바꾸는 것만으로도 쉽게 해결할 수 있다.

즉 $2^x=5$의 해는 $x=\log_2 5$이다.

활동 1 어떤 상황들을 기호화해서 표현하는 것도 수학의 아주 중요한 의미로 볼 수 있다. 팀별로 로그의 여러 가지 성질들을 지수와 연관해서 설명해보자.

활동 2 로그 이외에도 어떤 기호가 문제들을 해결한 적이 있는지 찾아서 발표해보자.

② 자연로그 함수와 로그 식을 활용한 재미있는 메시지!

로그의 종류는 여러 가지가 있다. 일반적인 로그도 있지만 밑을 10으로 해서 지수의 밑을 생략해서 쓰는 상용로그, 그리고 그 외에도 자연로그라는 것도 있다.

자연로그란 밑을 e로 하는 로그를 말한다. 극한과 미분에서 나오긴 하겠지만 여기서 e라는 것은 2.71…의 값을 갖는 무리수를 의미한다. π가 3.14…를 나타내는 무리수라는 것과 비슷하게 말이다.

일반로그와의 차이점을 살펴보자.

$a^x = b \Leftrightarrow x = \log_a b$가 일반 로그라면 $e^x = b \Leftrightarrow x = \log_e b$가 자연로그인데 여기서 $e^x = b \Leftrightarrow x = \ln b$ 이렇게 밑을 생략하는 대신 상용로그와 구분하기 위해서 log를 ln으로 나타내기도 한다. 이렇듯 밑을 e로 하고 log를 ln으로 나타내는 로그를 자연로그라고 한다. 여기 재미있는 로그 포함 수식이 있다.

$y = \dfrac{\ln\left(\dfrac{x}{m} - sa\right)}{r^2}$라는 식을 변형시켜 어떤 메시지가 있는지 찾아보자.

먼저 양변에 r^2을 곱하면 $r^2 y = \ln\left(\dfrac{x}{m} - sa\right)$가 되고 이 자연로그를 지수로 바꾸면 $e^{r^2 y} = \dfrac{x}{m} - sa$가 된다. 여기서 양변에 m을 곱하면 $me^{r^2 y} = x - mas$가 된다.

여기서 지수의 r^2은 r을 두 번 곱한 것이므로 곱하기 부호를 생략해서 rr로 나타낼 수 있다. 따라서 식은 $me^{rry} = x - mas$가 된다. 비록 지수 알파벳이 좀 작기는 하지만 앞에서부터 읽으면 merry x-mas라는 성탄 메시지가 되는 것이다!

활동 1 어떤 메시지를 팀별로 로그를 이용한 식으로 돌려서 만들어보자.

활동 2 팀별로 만든 메시지를 다른 팀이 맞추는 게임을 해보자.

위대한
수학자

뉴턴

영국의 물리학자 · 천문학자 · 수학자 · 근대이론과학의 선구자. 수학에서는 미적분법을 창시하고, 물리학에서는 뉴턴역학의 체계를 확립했다.

잉글랜드 동부 링컨셔의 울즈소프에서 태어났다. 아버지는 그가 태어나기 전에 사망하였고, 어머니는 그가 3세 때 재혼하는 등 불우한 소년시절을 보냈다. 1661년 케임브리지 대학교 트리니티칼리지에 입학, 수학자 아이작 배로의 지도를 받아 케플러의 《굴절광학》, 데카르트의 《해석기하학》, 월리스의 《무한의 산수》 등을 탐독하였으며, 1664년 학사학위를 얻었다. 1664~1666년 페스트가 크게 유행하자 대학이 일시 폐쇄되어 뉴턴도 고향으로 돌아와 대부분의 시간을 사색과 실험으로 보냈다. 그의 위대한 업적의 대부분은 이때 싹트게 된 것이라고 하며, 사과의 일화도 이때 있었던 일이다. 1667년 재개된 대학에 돌아와 이 대학의 펠로(특별연구원)가 되고 이듬해에는 메이저펠로(전임특별연구원)가 됨과 동시에 석사학위를 받았다. 1669년 아이작 배로의 뒤를 이어 루카스 교수직에 부임하였다.

수학에서는 1665년 이항정리(二項定理)의 연구를 시작으로, 무한급수(無限級數)로 진전하여 1666년 유분법(流分法), 즉 플럭션법을 발견하고, 이것을 구적(求積) 및 접선(接線) 문제에 응용하였다. 이것은 오늘날의 미적분법(微積分法)에 해당하는 것으로, 그 성과를 1669년에 논문 《De analysi per aequationes numero terminorum infinitas》으로 발표하였다. 유분법의 전개에 대해서는 《The method of fluxions and infinite series》에 수록되어 있다. 1676년 그와 동일한 미분법을 발견한 라이프니츠와 우선권 논쟁이 격렬하게 벌어졌는데, 이 무렵부터 그의 사고방식도 실험적 방법에서 수학적 방법으로 그 중점이 옮겨져 스스로를 수학자라고 칭하였다.

뉴턴의 최대 업적은 물론 역학(力學)에 있다. 일찍부터 역학 문제, 특히 중력(重力) 문제에 대해서는 광학과 함께 큰 관심을 가지고 있었으며, 지구의 중력이 달의 궤도에까지 미친다고 생각하여 이것과 행성(行星) 운동(이것을 지배하는 케플러 법칙)과의 관련을 고찰한 것은 울즈소프 체류 때 이루어졌다고 한다. 1670년대 말로 접어들면서 당시 사람들도 행성의 운동중심과 관련된 힘이 거리의 제곱에 반비례한다는 사실을 어렴풋이 알고는 있었지만, 수학적 설명이 곤란해 손을 대지 못하고 있었는데, 뉴턴은 자신이 창시해낸 유율법(流率法)을 이용하여 이 문제를 해결하고 '만유인력의 법칙'을 확립하였다.

1687년 이 성과를 포함한 대저서 《자연철학의 수학적 원리(프린키피아) Philosophiae naturalis principia mathematica》가 출판되었으며, 이로써 이론물리학의 기초가 쌓이고 뉴턴역학의 체계가 세워졌다. 3부로 된 이 라틴어 저서는 간단한 유율법의 설명에서 시작하여 역학의 원리, 인력의 법칙과 그 응용, 유체(流體)의 문제, 태양행성의 운동에서 조석(潮汐)의 이론 등에 이르기까지 계통적으로 논술되어 있다. 또 방정식론 등의 대수학(代數學) 분야의 여러 업적은 《Arithmetica universalis sive de compositione et resolutione arithmetica liber》(1707)로 간행되었다.

1688년 명예혁명 때는 대학 대표의 국회의원으로 선출되고, 1691년 조폐국(造幣局)의 감사(監事)가 되었으며, 1696년 런던으로 이주, 1699년 조폐국 장관에 임명되어 화폐 개주(改鑄)라는 어려운 일을 수행하였다. 1703년 왕립협회 회장으로 추천되고 1705년 나이트 칭호를 받았다. 한편 신학(神學)에도 관심을 보여 성서의 사실을 입증하기 위해 고대사 해석을 검증하고, 평생을 독신으로 보냈으며, 런던 교외의 켄싱턴에서 죽었다. 근대과학 성립의 최고의 공로자이며, 그가 주장한 '자연은 일정한 법칙에 따라 운동하는 복잡하고 거대한 기계'라고 하는 역학적 자연관은 18세기 계몽사상의 발전에 지대한 영향을 주었다.

–네이버 지식백과, 두산백과–

연습문제

Lesson

08

로그와 로그함수

학 과	
학 번	
이 름	
제출일	

01 $\log_{x+1}(4-x)$가 의미를 갖도록 하는 모든 정수 x의 개수를 구하여라.

02 $a=2\log_6 2+2\log_6 3$, $b=\log_2 \frac{2}{3}+\log_2 27-\log_2 9$일 때, ab의 값을 구하여라.

03 $\log_5 2=a$, $\log_5 3=b$라 할 때, $\log_5 \sqrt{18}$을 a, b로 나타내어라.

04 $\log_2(\log_3 x)=1$, $\log_3(\log_5 y)=0$일 때, $x+y$의 값을 구하여라.

05 다음 $(\log_2 3+\log_8 9)(\log_3 2+\log_9 8)$의 값을 구하여라.

06 $67^x=27$, $603^y=81$일 때, $\frac{3}{x}-\frac{4}{y}$의 값은?

07 $x>0$, $y>0$, $z>0$에 대하여 $\log_2 xy=2$, $\log_2 yz=4$, $\log_2 zx=6$일 때, $\log_2 \frac{xz}{y}$의 값을 구하여라.

08 아래 그림은 두 함수 $y=\log_2 x$와 $y=x$의 그래프이다. 이때, $\log_2 \frac{bc}{d}$의 값은?

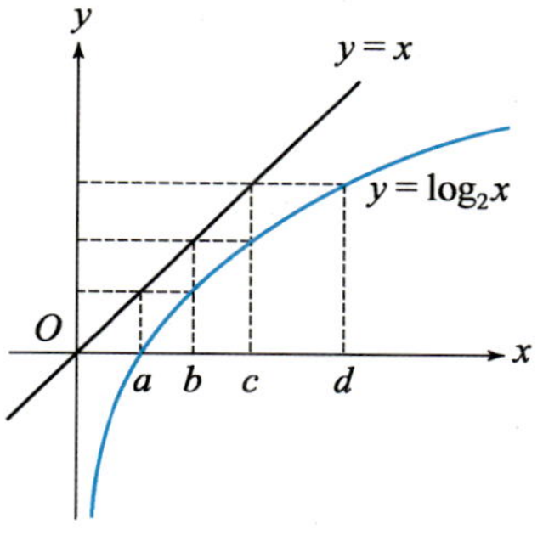

09 함수 $y=\log_2 2(x-1)+2$의 그래프는 함수 $y=\log_2 x$의 그래프를 x축의 방향으로 a만큼, y축의 방향으로 b만큼 평행이동한 것이다. 이때, $a+b$의 값은?

10 $1 \le x \le 9$에서 정의된 함수 $y=(\log_3 x)^2-\log_3 x^2+3$의 최댓값을 M, 최솟값을 m이라 할 때, Mm의 값은?

11 다음 방정식 $\log_2(x-1)+\log_2(x+2)=2$를 만족하는 실수 x의 값을 구하여라.

12 이차방정식 $x^2-6x+4=0$의 두 근이 $\log a$, $\log b$일 때, $\log_a b+\log_b a$의 값은?

13 방정식 $x^{\log x} = 1000x^2$의 모든 해의 곱을 구하여라.

15 부등식 $\log_2(x+2) - \log_2(x-1) < 2$를 만족하는 실수 x 값의 범위는?

14 $\log x + \log y = \log 2(x+y)$를 만족하는 정수 x, y의 순서쌍 (x, y)의 개수는?

16 부등식 $\log_{\frac{1}{2}}(x-5) + \log_{\frac{1}{5}}(x-6) > -1$을 만족하는 실수 x 값의 범위를 $\alpha < x < \beta$라 할 때, $\alpha + \beta$의 값은?

17 로그부등식 $2\log_3\left(\frac{1}{x-1}\right) < \log_{\frac{1}{3}}(7-x)$를 만족하는 정수 x 값들의 합은?

18 세 변의 길이가 a, b, c인 $\triangle ABC$에 대하여 $\log_c(a+b)+\log_c(a-b)=2$가 성립할 때, $\triangle ABC$는 어떤 삼각형인가? (단, $\angle A$, $\angle B$, $\angle C$는 각각 a, b, c의 대각)

19 물이 필터를 1cm 지날 때마다 물에 포함된 오염 물질의 20%가 제거되는 정수기가 있다. 길이가 10cm인 필터를 장치한 정수기에 일정한 양의 물을 유입시킬 때, 오염 물질의 몇 %가 통과하는가? (단, $\log 2 = 0.3$)

20 일정한 조건에서 매 시간마다 분열하여 3배로 늘어나는 박테리아 10마리가 있다, 이 박테리아가 분열을 시작하여 처음으로 5천만 마리 이상이 되는 것은 몇 시간 후인가? (단, $\log 2 = 0.3010$, $\log 3 = 0.4771$)

성찰일지

Lesson 08

로그와 로그함수

학번 : ______________________

학과 : ______________________

이름 : ______________________

단원 테스트

학번 :

학과 :

이름 :

1. 다음을 계산하여라.

$\log_x 9 = 2$

2. 다음 식을 간단히 하여라.

$\log_2 12 - \log_2 3 =$

3. 다음 로그 방정식을 풀어라.

$\log_2(x-1) = \log_4(3-x)$

4. 다음 로그 방정식을 풀어라.

$\log 2x + \log(x-1) = \log(x^2+3)$

5. 다음 로그 부등식을 풀어라.

$\log_2(x+2) - \log_2(x-1) > 2$

Lesson 09

삼각함수 1

Trigonometric Function

학습목표

삼각함수 1 단원에서는 **호도법과 삼각함수의 정의 및 삼각함수의 성질 그리고 삼각함수 관련 공식**들에 대해서 학습하는 단원으로 삼각함수의 기본적인 연산 및 공식을 통한 연산능력을 기르는 데 목적이 있다.

"수학의 미래를 북돋는 참된 방법은 그 역사와 현재 상태를 연구하는 것이다. -푸앵카레"

"수학의 본질은 자유에 있다. -칸토어"

"수학의 속성상 훈련으로 도달할 수 없는 천재성의 영역이 있을 수밖에 없다. -박형주"

"수학의 어떤 두 분야도 산술학과 정수론만큼 대조적이지는 않다. -단치히"

"수학이 진보하고 완벽해지는 것은 국가번영과 밀접한 관계가 있다. -나폴레옹"

삼각함수의 정의

삼각함수를 알려면 먼저 삼각비에 대해서 알아야 한다. 그렇다면 삼각비는 무엇일까? 삼각비는 직각삼각형에서 빗변, 밑변, 높이 이렇게 세 변 사이의 비율을 일컫는다. 그렇다면 왜 이런 것이 필요했을까? 그 유래를 살펴보려면 고대 이집트로 거슬러 올라가야 한다. 고대 이집트에서는 나일 강이 범람하는 시기가 있었는데 이 시기가 지나면 논밭은 나일 강이 가져온 좋은 옥토로 인해 아주 비옥해졌다. 그런데 나일 강의 범람으로 인해서 밭의 표식들이 사라지므로 새로 영역을 표시해야 하는데 당시 이집트에서는 밭의 넓이로 세금을 부과하고 있었다. 그래서 농부들에게 세금관이 파견되어서 농부들의 밭의 넓이를 계산해야 했다. 이때 삼각형 모양의 땅의 넓이를 계산하기 위해 고안된 것이 삼각비였다. 이들은 넓이를 계산하기 위해 삼각형의 밑변, 높이, 빗변의 길이를 측정하고 그것들을 비로 바꿔서 넓이를 계산했다. 그러면서 삼각비가 탄생하게 된 것이다. 여기서 하필 많은 삼각형들 중에 직각삼각형을 사용했을까? 그것은 모양으로 봤을 때 구분이 쉽게 간다는 점이 이유이다. 예각이나 둔각삼각형은 어디를 밑변, 어디를 높이로 잡을지 애매했기 때문이다. 이 유래에서 보듯이 삼각함수는 생활 속의 필요에 의해서 자연스럽게 발생했다.

사전적 의미의 삼각함수는 직각삼각형의 각을 직각삼각형의 변들의 길이의 비로 나타내는 함수라고 나와 있다.
모든 다각형들은 잘 쪼개면 모두 삼각형들로 구성할 수 있고 또 삼각형은 수선을 내리면 직각삼각형 둘로 쪼개지므로 모든 다각형은 결국 직각삼각형들로 구성되어 있다고 볼 수 있다. 여기서 직각삼각형의 해법이 모든 다각형의 길이나 각을 구하는데 제일 기초가 되는 중요한 내용이 되는 것이다.

미적 체험을 활용한 스토리텔링 수학

다빈치의 최후의 만찬 (밀라노 산타마리아 교회)

예술적 호기심

1. 이 그림은 회화인가 벽화인가?
2. 이 그림의 등장인물에 대해서 이야기해보자.
3. 이 그림의 상황에 대해서 느낀 점을 이야기해보자.
4. 이 그림의 구도에 대해서 이야기해보자.
5. 색채에 대해서 느낀 점을 이야기해보자.

수학적 호기심

6. 이 그림에 등장하는 사람은 모두 몇 명인가?
7. 이 그림 속의 소실점은 어디인가?
8. 그림 속의 창문 수, 사람 수 등이 의미하는 것은 무엇인가?
9. 그림 속에 완전수의 위치에 있는 사람은 누구인가?
10. 그림 속의 황금비를 찾아보자.

논리추론 문제 벌레가 도착하는 데 걸리는 시간은?

상황

여기 책이 3권 있다. 제목은 고등학교 수학 1, 2, 3 이렇게 3권이다. 왼쪽부터 1권 2권 3권의 순서로 세워져 있으며 3권의 책의 두께는 모두 5센티미터로 일정하다. 3권의 책이 겹쳐져 있으므로 총 책 3권의 두께는 15센티미터이다.

책벌레의 움직임

그리고 책벌레가 한 마리 있다. 이 책벌레는 책 속에서 책을 갉아 먹으면서 책 속을 움직인다. 이 벌레가 책을 갉아먹으며 앞으로 진행하는 속도는 1분에 1센티미터이다. 책 겉으로는 절대 움직이지 않으며 책 속으로만 책을 갉아먹으면서 움직인다.

문제

자 여기서 문제. 이 벌레가 고등 수학 1권 1페이지부터 고등 수학 3권 끝 페이지까지 이동하는 데 걸리는 시간은 총 몇 분일까?

신문 기사 속에서 우리는 삼각함수라는 단어를 많이 찾아볼 수 있다.

美 김연아 점프로 삼각함수 공부…韓 "사코코사" 외우며 시험 준비

'교과서 점프', '피겨의 교과서'라는 수식어가 늘 따라다니는 피겨여왕 김연아 선수는 2012년 실제 미국 고등학교 교과서에 이름을 올렸다. 빙판에서 연기하는 그의 사진이 그대로 실린 교과서 과목은 '체육'이 아닌 '수학'이었다. 미국 교과서 출판사 호턴 미플린 하코트는 고등학교 수학 교과서 '삼각함수' 편에 그를 실었다. 삼각함수를 왜 배워야 하는지와 얼마나 이 분야가 일상생활과 밀접하게 연결돼 있는지를 학생들에게 이해시키기 위해서였다. 피겨 선수가 악셀 점프를 뛸 경우 점프 각도가 얼마나 되는지를 삼각함수로 밝혀 낼 수 있다는 설명이다. 이렇듯 미국을 비롯한 선진국에서는 수학교육의 초점을 '왜 배우고 어떻게 활용해야 하는가'에 두고 있다. 하지만 국내 교육과정에서 같은 분야에 대해 접근하는 방식은 다르다. 우리나라 고등학교 1학년은 '사코코사', '코코사사'라는 주문을 외워가며 삼각함수 공식을 외운다. '사코코사'는 $\sin(\alpha+\beta)=\sin\alpha\cos\beta+\cos\alpha\sin\beta$라는 삼각함수의 덧셈정리 공식을 줄여서 표현한 말이다. '코코사사'는 다른 덧셈정리 공식의 줄임말이다. 삼각함수에 대해 왜 배우는지, 이를 일상생활에 어떻게 활용해야 하는지는 어느 교과서에도 나와 있지 않다. '사코코사'라는 주문은 알고 있지만 공식이 어떻게 나오게 됐는지를 증명할 수 있는 학생은 별로 없는 게 한국 수학교육의 현 실정이다. 이해 없이 주문 같은 공식을 머리에 꽉꽉 채워 넣어도 문제만 보면 앞이 캄캄해져 결국 수학을 포기해버리는 '수포자'가 나오는 배경이기도 하다. 현장에 있는 교사들 역시 우리나라 수학교육의 가장 큰 문제점으로 어렸을 때부터 학생들이 즐겁게 수학을 배울 수 없는 교과과정, 부족한 재원, 사교육에 의존할 수밖에 없는 시스템을 꼽고 있다. '입시 위주' 수학의 병폐는 최근 국제 올림피아드 경기 결과에서도 그대로 드러났다. 지난달 남아프리카공화국 케이프타운에서 열린 제55회 국제수학올림피아드에서 우리나라는 종합 7위로 전년 2위보다 5계단 이상 떨어진 결과를 냈다. 올해 대학 입시부터 올림피아드 성적이 반영되지 않는다는 사실이 알려지자 학생들과 학부모들 관심이 뚝 끊겼기 때문이다. 올림피아드조차도 입시에 맞춰 준비하다 보니 수학은 학생들에게 '점수는 잘 받아야 하지만 재미도 자신도 없는' 과목이 됐다. 경제협력개발기구(OECD)가 지난해 말 발표한 국제 학업성취도 평가(PISA)에 따르면 우리나라 학생의 수학 성취도는 554점(평균 500점)으로 OECD 가입 국가 중 1위다. 하지만 수학에 대한 흥미와 즐거움 등 '내적동기'로 평가할 경우 우리나라는 −0.2(평균 0.0)으로 65개 국가 중 무려 57위였다. 수학이 미래 학습과 직업에 유용할 것이라는 인식도 평가(도구적 동기)에서는 63위로 뒤에서 3등을 했다. 수학 성취도는 1등이지만 수학에 대한 자신감 평가에서는 뒤에서 2등인 64위였다. −매일경제−

삼각함수

1 삼각함수의 성질

(1) 호도법과 육십분법

1) 다음 그림과 같이 반지름의 길이가 r인 원 O가 있다.

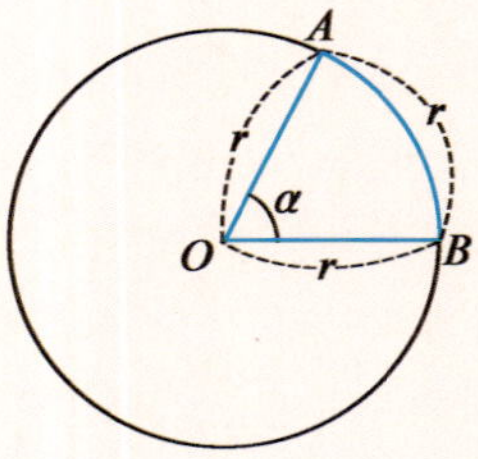

호 AB의 길이도 r일 때 호의 길이는 중심각의 크기에 비례하므로

$$\alpha : 360° = r : 2\pi r$$

그러므로 $\alpha = \dfrac{180°}{\pi}$이다.

따라서 반지름의 길이 r와 같은 길이의 호에 대한 중심각의 크기 α는 반지름의 길이 r에 관계없이 일정하다. 이 일정한 각의 크기 $\dfrac{180°}{\pi}$를 **1라디안**이라 하고, 이것을 단위로 각의 크기를 나타내는 방법을 **호도법**이라 한다. 육십분법이란, 동경 OP가 시초선 OX에서 1회전한 경우를 360등분하여 1회전의 $\dfrac{1}{360}$을 $1°$로 정의한다.

2) **호도법과 육십분법 사이의 관계**

$$1\text{라디안} = \frac{180°}{\pi},\quad 1° = \frac{\pi}{180}$$

- **60분법을 호도법으로 고치기**

  $$(60\text{분법 각}) \times \frac{\pi}{180}$$

- **호도법을 육십분법으로 고치기**

  $$(\text{라디안 각}) \times \frac{180°}{\pi}$$

개념문제

※ 다음 각을 육십분법은 호도법으로, 호도법은 육십분법으로 나타내어라.

1 $150°$

2 $240°$

3 $\frac{3}{5}\pi$

4 $-\frac{\pi}{12}$

※ 반지름의 길이 r와 중심각의 크기 θ가 다음과 같을 때, 부채꼴의 호의 길이 l과 넓이 S를 구하여라.

5 $r=4,\ \theta=\frac{\pi}{6}$

6 $r=3,\ \theta=120°$

해답

1 $\frac{5\pi}{6}$　2 $\frac{4\pi}{3}$　3 $108°$

4 $-15°$　5 $l=\frac{2\pi}{3},\ s=\frac{4\pi}{3}$

6 $l=2\pi,\ s=3\pi$

(2) 일반각

$$\theta = 360° \times n + \alpha° \ (n\text{은 정수})$$

$$\theta = 2\pi \times n + \theta(\text{라디안}) \ (n\text{은 정수})$$

(3) 부채꼴의 호의 길이와 넓이

반지름의 길이가 r, 중심각의 크기가 θ(라디안)인 부채꼴의 호의 길이 l과 넓이 S는

$$l = r\theta$$

$$S = \frac{1}{2}r^2\theta = \frac{1}{2}rl$$

2 삼각함수의 정의

(1) 직각삼각형에서의 삼각비의 정의

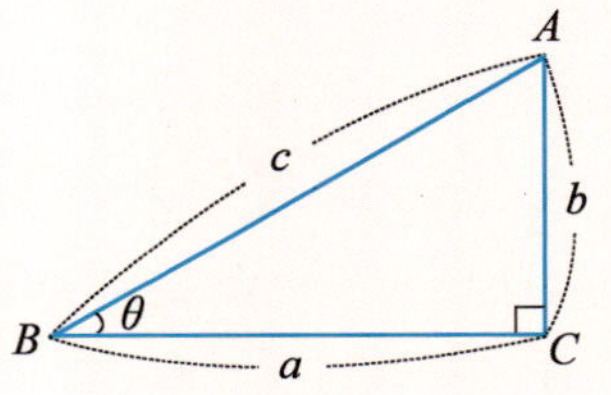

$$\sin\theta = \frac{b}{c}, \quad \cos\theta = \frac{a}{c}, \quad \tan\theta = \frac{b}{a}$$

(2) 일반각의 삼각함수

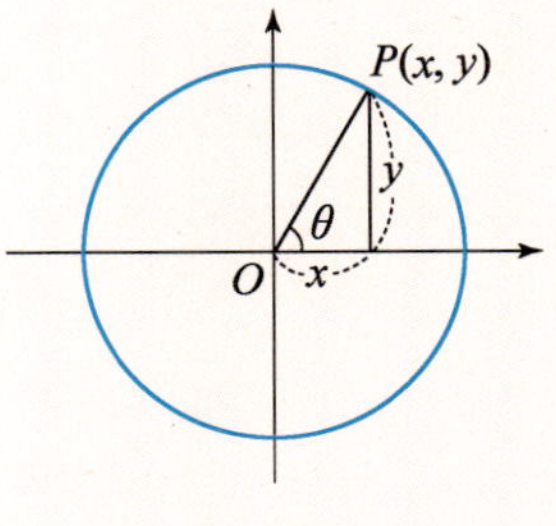

$$\sin\theta = \frac{y}{r}, \quad \cos\theta = \frac{x}{r}, \quad \tan\theta = \frac{y}{x}$$

$$\mathrm{cosec}\,\theta = \frac{r}{y}, \quad \sec\theta = \frac{r}{x}, \quad \cot\theta = \frac{x}{y}$$

개념문제

※ 원점 O와 점 $P(3, -4)$에 대하여 동경 OP가 x축의 양의 방향과 이루는 각의 크기를 θ라 할 때, 다음 삼각함수의 값을 구하여라.

7 $\sin\theta$

8 $\cos\theta$

9 $\tan\theta$

10 $\mathrm{cosec}\,\theta$

11 $\sec\theta$

12 $\cot\theta$

해답

7 $-\frac{4}{5}$	8 $\frac{3}{5}$	9 $-\frac{4}{3}$
10 $-\frac{5}{4}$	11 $\frac{5}{3}$	12 $-\frac{3}{4}$

(3) 삼각함수의 특수값

삼각비 \ θ	0	30	45	60	90
$\sin\theta$	0	$\frac{2}{1}$	$\frac{\sqrt{2}}{2}$	$\frac{\sqrt{3}}{2}$	1
$\cos\theta$	1	$\frac{\sqrt{3}}{2}$	$\frac{\sqrt{2}}{2}$	$\frac{1}{2}$	0
$\tan\theta$	0	$\frac{\sqrt{3}}{3}$	1	$\sqrt{3}$	∞

(4) 삼각함수의 부호

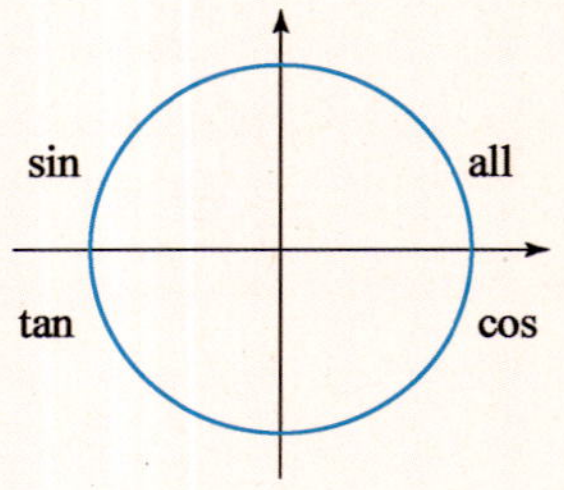

θ \ 사분면	제 1사분면	제 2사분면	제 3사분면	제 4사분면
$\sin\theta$	+	+	−	−
$\cos\theta$	+	−	−	+
$\tan\theta$	+	−	+	−

3 삼각함수의 성질

(1) 삼각함수 사이의 관계

1) $\mathrm{cosec}\,\theta = \frac{1}{\sin\theta}$, $\sec\theta = \frac{1}{\cos\theta}$, $\cot\theta = \frac{1}{\tan\theta}$

2) $\tan\theta = \frac{\sin\theta}{\cos\theta}$, $\cot\theta = \frac{\cos\theta}{\sin\theta}$

3) $\sin^2\theta + \cos^2\theta = 1$

$1 + \tan^2\theta = \sec^2\theta$

$1 + \cot^2\theta = \mathrm{cosec}^2\theta$

개념문제

※ 다음 삼각함수의 값을 구하여라.

13 $\sin 780°$

14 $\cos(-120°)$

15 $\tan 315°$

16 $\mathrm{cosec}(-750°)$

※ 다음 삼각함수의 값을 구하여라.

17 $\sin\frac{13}{6}\pi$

18 $\cos\frac{17}{6}\pi$

19 $\cot\left(-\frac{3}{4}\pi\right)$

20 $\sec\frac{5}{3}\pi$

해답

13 $\frac{\sqrt{3}}{2}$　14 $-\frac{1}{2}$　15 -1
16 $-\frac{1}{2}$　17 $\frac{1}{2}$　18 $-\frac{\sqrt{3}}{2}$
19 1　20 2

(2) 삼각함수의 성질

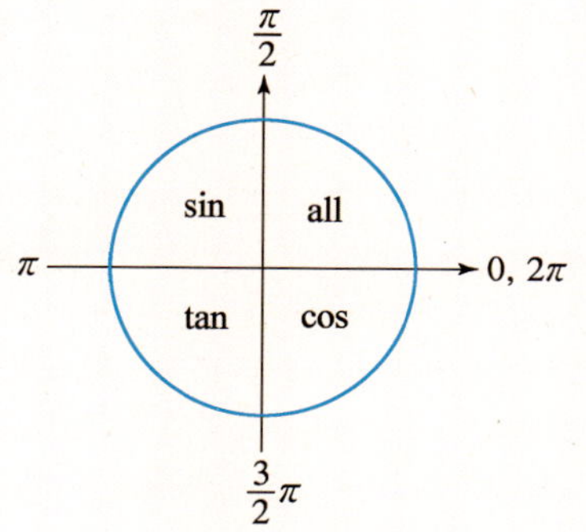

x축이 기준이면 $(0,\ \pi,\ 2\pi)$

sin → sin
cos → cos
tan → tan

y축이 기준이면 $\left(\frac{\pi}{2},\ \frac{3\pi}{2}\right)$

sin → cos
cos → sin
tan → cot

1) $(2n\pi+\theta)$의 삼각함수 (n은 정수)

$\sin(2n\pi+\theta)=\sin\theta$

$\cos(2n\pi+\theta)=\cos\theta$

$\tan(2n\pi+\theta)=\tan\theta$

2) $(-\theta)$의 삼각함수

$\sin(-\theta)=-\sin\theta$

$\cos(-\theta)=\cos\theta$

$\tan(-\theta)=-\tan\theta$

3) $(\pi\pm\theta)$의 삼각함수

$\sin(\pi+\theta)=-\sin\theta,\quad \sin(\pi-\theta)=\sin\theta$

$\cos(\pi+\theta)=-\cos\theta,\quad \cos(\pi-\theta)=-\cos\theta$

$\tan(\pi+\theta)=\tan\theta,\quad \tan(\pi-\theta)=-\tan\theta$

4) $\left(\frac{\pi}{2}\pm\theta\right)$의 삼각함수

$\sin\left(\frac{\pi}{2}+\theta\right)=\cos\theta,\quad \sin\left(\frac{\pi}{2}-\theta\right)=\cos\theta$

$\cos\left(\frac{\pi}{2}+\theta\right)=-\sin\theta,\quad \cos\left(\frac{\pi}{2}-\theta\right)=\sin\theta$

$\tan\left(\frac{\pi}{2}+\theta\right)=-\cot\theta,\quad \tan\left(\frac{\pi}{2}-\theta\right)=\cot\theta$

개념문제

21 다음 식을 간단히 하면?

$\mathrm{cosec}\,420°+\sec(-315°)+\cot 300°$

22 다음 식을 계산하여라.

$\sin\frac{\pi}{6}\cos\left(-\frac{9}{4}\pi\right)+\tan\frac{14}{3}\pi$

23 다음 식을 간단히 하면?

$\sin(-\theta)+\cos(90°+\theta)+\sin(180°-\theta)+\cos(\theta-180°)$

24 다음 식을 간단히 하면?

$\sin(4\pi-\theta)+\cos\left(\frac{3}{2}\pi+\theta\right)-\sin\left(\frac{\pi}{2}+\theta\right)-\cos(\theta-\pi)$

해답

21 $\frac{\sqrt{3}}{3}+\sqrt{2}$　22 $\frac{\sqrt{2}}{4}-\sqrt{3}$
23 $-\sin\theta-\cos\theta$　24 0

4 삼각함수의 공식

(1) 삼각함수의 덧셈정리

$$\sin(\alpha+\beta)=\sin\alpha\cos\beta+\cos\alpha\sin\beta$$

$$\sin(\alpha-\beta)=\sin\alpha\cos\beta-\cos\alpha\sin\beta$$

$$\cos(\alpha+\beta)=\cos\alpha\cos\beta-\sin\alpha\sin\beta$$

$$\cos(\alpha-\beta)=\cos\alpha\cos\beta+\sin\alpha\sin\beta$$

$$\tan(\alpha+\beta)=\frac{\tan\alpha+\tan\beta}{1-\tan\alpha\tan\beta}$$

$$\tan(\alpha-\beta)=\frac{\tan\alpha-\tan\beta}{1+\tan\alpha\tan\beta}$$

(2) 삼각함수의 합성

a, b가 0이 아닌 실수일 때 $a\sin\theta+b\cos\theta$를 하나의 삼각함수로 나타내어보자.

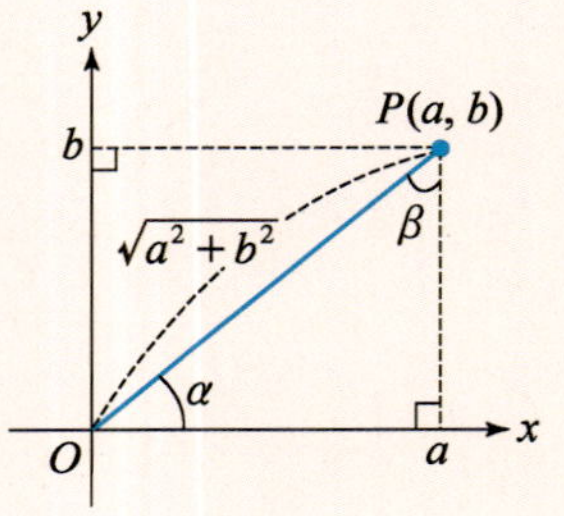

위의 그림과 같이 좌표평면 위에 점 $P(a,\ b)$를 잡고, 선분 OP와 x축의 양의 방향이 이루는 각을 α라 하면

$$\sin\alpha=\frac{b}{\sqrt{a^2+b^2}},\quad \cos\alpha=\frac{a}{\sqrt{a^2+b^2}}$$

이므로

$$\begin{aligned}a\sin\theta+b\cos\theta&=\sqrt{a^2+b^2}\left(\frac{a}{\sqrt{a^2+b^2}}\sin\theta+\frac{b}{\sqrt{a^2+b^2}}\cos\theta\right)\\&=\sqrt{a^2+b^2}(\cos\alpha\sin\theta+\sin\alpha\cos\theta)\\&=\sqrt{a^2+b^2}\sin(\theta+\alpha)\end{aligned}$$

이다. 같은 방법으로 $a\sin\theta+b\cos\theta=\sqrt{a^2+b^2}\cos(\theta-\beta)$와 같이 나타낼 수 있다.

이와 같은 변형을 **삼각함수의 합성**이라 한다.

개념문제

※ 다음 삼각함수의 값을 구하여라.

25 $\sin 75°$

26 $\tan 15°$

27 $\sin x+\cos x$를 합성하여라.

해답

25 $\frac{\sqrt{2}+\sqrt{6}}{4}$ **26** $2-\sqrt{3}$

27 $\sqrt{2}\sin\left(x+\frac{\pi}{4}\right)$

삼각함수의 합성

1. $a\sin\theta+b\cos\theta=\sqrt{a^2+b^2}\sin(\theta+\alpha)$
$$\left(\cos\alpha=\frac{a}{\sqrt{a^2+b^2}},\ \sin\alpha=\frac{b}{\sqrt{a^2+b^2}}\right)$$

2. $a\sin\theta+b\cos\theta=\sqrt{a^2+b^2}\cos(\theta-\beta)$
$$\left(\cos\beta=\frac{b}{\sqrt{a^2+b^2}},\ \sin\beta=\frac{a}{\sqrt{a^2+b^2}}\right)$$

(3) 배각 공식

삼각함수의 덧셈정리를 이용하여 여러 가지 공식을 유도하고 이것을 활용하도록 하자.

삼각함수의 덧셈정리

$$\sin(\alpha+\beta)=\sin\alpha\cos\beta+\cos\alpha\sin\beta$$
$$\cos(\alpha+\beta)=\cos\alpha\cos\beta-\sin\alpha\sin\beta$$
$$\tan(\alpha+\beta)=\frac{\tan\alpha+\tan\beta}{1-\tan\alpha\tan\beta}$$

에서 $\beta=\alpha$로 놓으면

$$\begin{aligned}\sin 2\alpha&=\sin\alpha\cos\alpha+\cos\alpha\sin\alpha\\&=2\sin\alpha\cos\alpha\\\cos 2\alpha&=\cos\alpha\cos\alpha-\sin\alpha\sin\alpha\\&=\cos^2\alpha-\sin^2\alpha\\\tan 2\alpha&=\frac{\tan\alpha+\tan\alpha}{1-\tan\alpha\tan\alpha}\\&=\frac{2\tan\alpha}{1-\tan^2\alpha}\end{aligned}$$

이것을 **배각 공식**이라 하고 정리하면 다음과 같다.

배각 공식

1. $\sin 2\alpha=2\sin\alpha\cos\alpha$
2. $\cos 2\alpha=\cos^2\alpha-\sin^2\alpha=2\cos^2\alpha-1=1-2\sin^2\alpha$
3. $\tan 2\alpha=\dfrac{2\tan\alpha}{1-\tan^2\alpha}$

개념문제

※ $\sin x=\frac{3}{5}\left(0<x<\frac{\pi}{2}\right)$일 때 다음 값을 구하여라.

28 $\sin 2x$

29 $\cos 2x$

30 $\tan 2x$

해답

28 $\frac{24}{25}$ **29** $\frac{7}{25}$
30 $\frac{24}{7}$

그리고 앞의 덧셈정리에서 $\beta = 2\alpha$로 놓고 배각 공식을 이용하여 정리하면 다음과 같은 삼배각의 공식을 얻을 수 있다.

$$\sin 3\alpha = 3\sin\alpha - 4\sin^3\alpha$$

$$\cos 3\alpha = 4\cos^3\alpha - 3\cos\alpha$$

$$\tan 3\alpha = \frac{3\tan\alpha - \tan^3\alpha}{1 - 3\tan^2\alpha}$$

(4) 반각 공식

배각 공식의 $\cos 2\alpha = 2\cos^2\alpha - 1$에서

$$\cos^2\alpha = \frac{1+\cos 2\alpha}{2}$$

마찬가지로 $\cos 2\alpha = 1 - 2\sin^2\alpha$에서

$$\sin^2\alpha = \frac{1-\cos 2\alpha}{2}$$

그리고

$$\tan^2\alpha = \frac{\sin^2\alpha}{\cos^2\alpha} = \frac{1-\cos 2\alpha}{1+\cos 2\alpha}$$

α 대신 2α를 대입하면 반각 공식을 다음과 같이 얻을 수 있다.

반각 공식

$$\sin^2\frac{\alpha}{2} = \frac{1-\cos\alpha}{2}$$

$$\cos^2\frac{\alpha}{2} = \frac{1+\cos\alpha}{2}$$

$$\tan^2\frac{\alpha}{2} = \frac{1-\cos\alpha}{1+\cos\alpha}$$

구구단의 유래

예전에 구구법은 귀족 사회에서만 독점 사용했던 지혜의 하나로서 셈을 하는데 유용하게 이용되었다. 그러나 구구법이 어찌나 유용한지 서민들에게는 구구법이 절대 누설되어서는 안 된다는 사고가 귀족들 사이에 깊이 인식되어 있었다. 이 때문에 쉽게 익힐 수 있는 구구단을 일부러 어려운 구구팔십일부터 외우게 했다는 얘기도 있다. 그래서 사람들은 구구단의 처음 대목인 구구의 이름을 따서 구구법이라는 이름이 붙여지게 되었고 그것이 널리 알려지다가 구구법으로 불리게 된 것이다.

개념문제

31 $\sin 22.5°$, $\cos 22.5°$, $\tan 22.5°$의 값을 구하여라.

32 $\sin 15°$, $\cos 15°$, $\tan 15°$의 값을 구하여라.

해답

31 $\frac{\sqrt{2-\sqrt{2}}}{2}$, $\frac{\sqrt{2+\sqrt{2}}}{2}$, $\sqrt{2}-1$

32 $\frac{\sqrt{2-\sqrt{3}}}{2}$, $\frac{\sqrt{2+\sqrt{3}}}{2}$, $2-\sqrt{3}$

(5) 곱을 합 또는 차로 고치는 공식

삼각함수의 곱을 삼각함수의 합 또는 차로 나타내는 공식을 유도하고 이것을 활용하도록 하자.

삼각함수의 덧셈정리를 이용하여 정리하면 다음과 같다.

곱을 합 또는 차로 고치는 공식

1. $\sin\alpha\cos\beta=\frac{1}{2}\{\sin(\alpha+\beta)+\sin(\alpha-\beta)\}$
2. $\cos\alpha\sin\beta=\frac{1}{2}\{\sin(\alpha+\beta)-\sin(\alpha-\beta)\}$
3. $\cos\alpha\cos\beta=\frac{1}{2}\{\cos(\alpha+\beta)+\cos(\alpha-\beta)\}$
4. $\sin\alpha\sin\beta=-\frac{1}{2}\{\cos(\alpha+\beta)-\cos(\alpha-\beta)\}$

개념문제

33 $\sin 75°\cos 15°$를 계산하여라.

(6) 합 또는 차를 곱으로 고치는 공식

삼각함수의 합 또는 차를 삼각함수의 곱으로 나타낼 수 있다.

곱을 합 또는 차로 나타내는 공식 중

$$\sin\alpha\cos\beta=\frac{1}{2}\{\sin(\alpha+\beta)+\sin(\alpha-\beta)\} \qquad \cdots\cdots ①$$

에서 $\alpha+\beta=A$, $\alpha-\beta=B$라 놓고 α, β에 대하여 연립하여 풀면

$$\alpha=\frac{A+B}{2},\quad \beta=\frac{A-B}{2}$$

이 α, β를 위의 ①에 대입하면

$$\sin\frac{A+B}{2}\cos\frac{A-B}{2}=\frac{1}{2}(\sin A+\sin B)$$

즉

$$\sin A+\sin B=2\sin\frac{A+B}{2}\cos\frac{A-B}{2}$$

같은 방법으로 나머지 합 또는 차를 곱으로 나타내는 공식을 정리하면 다음과 같다.

합 또는 차를 곱으로 고치는 공식

1. $\sin A+\sin B=2\sin\frac{A+B}{2}\cos\frac{A-B}{2}$
2. $\sin A-\sin B=2\cos\frac{A+B}{2}\sin\frac{A-B}{2}$
3. $\cos A+\cos B=2\cos\frac{A+B}{2}\cos\frac{A-B}{2}$
4. $\cos A-\cos B=-2\sin\frac{A+B}{2}\sin\frac{A-B}{2}$

34 $\cos 3\theta+\cos\theta$를 곱의 꼴로 나타내어라.

해답

33 $\frac{2+\sqrt{3}}{4}$

34 $2\cos 2\theta\cos\theta$

수학 토론 및 팀 활동

① 삼각함수의 실용성을 찾아서!

삼각함수는 직각삼각형에서 밑변, 높이, 빗변 사이의 서로간의 비를 나타내는 것으로 어떤 다른 함수보다도 실생활에서 많이 활용될 수 있다고 생각들을 하는 편이고 또 실제로 건축, 측량 등 많은 분야에서 활용되고 있다.

활동 1 이 삼각함수를 활용한 실생활의 좋은 예들을 팀별로 토론하여 발표해보자.

활동 2 삼각형이 아닌 다각형도 적당한 분할에 의해서 삼각형으로 분리되고 또 삼각형 중에서 직각삼각형이 아닌 것 역시 수선으로 두 개의 직각삼각형이 될 수 있다. 즉 어떠한 다각형도 결국은 직각삼각형의 조합으로 볼 수 있다. 이렇게 삼각형이 모든 기본을 이루는 의미를 생각해보고 조별로 발표해보자.

② 삼각함수를 활용한 문제를 만들어라!

삼각형의 해법이란 삼각형의 6요소, 즉 세 변의 길이와 세 각의 크기를 찾는 작업을 말한다. 이 6가지 요소 중에서 3가지나 4가지를 알면 나머지 2~3가지의 값을 찾을 수 있다. 즉 삼각함수의 활용 문제들은 보통 6가지 중에서 3~4가지의 값을 주고 나머지를 묻는 문제들이다.

활동 1 조별로 이러한 삼각형의 해법을 이용한 문제를 만들어보자. 각도는 삼각비표를 사용하지 않아도 되도록 특수각만을 사용하고 도형만으로 문제를 표현하기보다는 일상생활의 지형이나 상황 등을 스토리 속에 넣어서 만들어보자.

활동 2 조별로 만든 문제들로 순서대로 앞에 나와 퀴즈를 내고 다른 조들은 이 문제를 해결해보자. (조별로 2문제 이상씩 만들어서 대결 식으로 해도 됨)

위대한 수학자

피보나치

이탈리아의 수학자. 아라비아에서 발달한 수학을 섭렵하여 이를 정리 · 소개함으로써, 그리스도교 여러 나라의 수학을 부흥시킨 최초의 인물이 되었다. 1202년 저술한 《주판서(珠板書)》는 당시의 수학서의 결정판이다.

피사 출생. 피사의 레오나르도라고도 불린다. 아버지가 아프리카 북안(北岸) 부지항(港)의 피사의 상무관장(商務館長)으로 있었기 때문에, 어려서부터 수판(數板)에 의한 계산법을 배우고 또한 이슬람교 학교에서 인도 기수법(記數法)을 익혔다고 한다.

그 후 이집트 · 시리아 · 그리스 · 시칠리아 등지를 여행하여 갖가지 계산법을 습득한 다음 피사로 돌아와, 1202년 《주판서(珠板書)》를 저술하였다. 15장으로 된 이 책은 아라비아의 산술 및 대수(代數) 지식이 많이 포함되어 있으며, 당시 수학서의 결정판으로서 그 후 수세기 동안 유럽 여러 나라에서의 수학원전(數學原典) 구실을 하였다. 기하학에 대한 저서 《기하학의 실용》(1220)에서는 유클리드를 소개하고 몇 가지 정리를 증명하기도 하였다.

–네이버 지식백과, 두산백과–

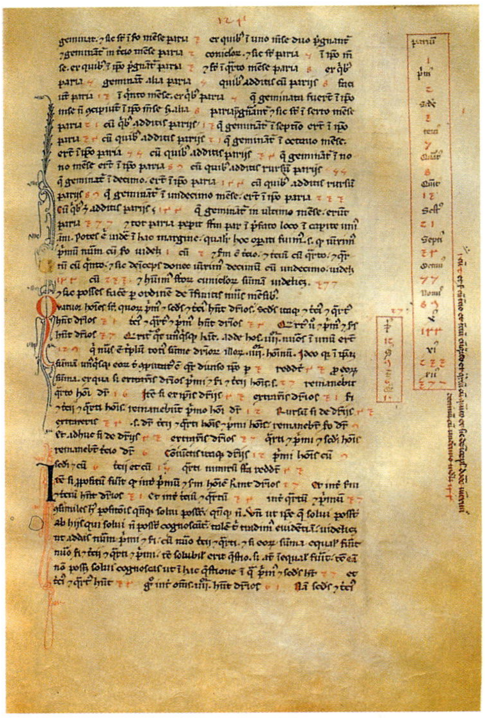

피보나치 수열이 보이는 〈주판서〉

연습문제

Lesson 09

삼각함수 1

학 과	
학 번	
이 름	
제출일	

01 다음 각을 육십분법은 호도법으로, 호도법은 육십분법으로 나타내어라.

(1) $150°$ (2) $-\frac{\pi}{12}$

02 반지름의 길이가 4이고, 호의 길이가 12인 부채꼴의 중심각의 크기를 a(라디안), 넓이를 b라 할 때, $a+b$의 값을 구하여라.

03 $0<\theta<\pi$이고, 두 각 θ, 4θ를 나타내는 두 동경이 서로 일치할 때, 각 θ의 크기를 모두 구하여라.

04 $\pi<\theta<\frac{3}{2}\pi$일 때, 다음을 간단히 하여라.

$$\sqrt{\sin^2\theta}+\sqrt{(\tan\theta-\sin\theta)^2}$$

05 $\sin\frac{\pi}{6}\cos\left(-\frac{9}{4}\pi\right)+\tan\frac{14}{3}\pi$의 값을 구하여라.

06 다음 식의 값을 구하여라.

$\cos^2 0° + \cos^2 1° + \cos^2 2° + \cdots$

$+ \cos^2 89° + \cos^2 90°$

07 원점 O와 점 $P(-5,\ -12)$를 잇는 선분 OP를 동경으로 하는 각의 크기를 θ라 할 때, $\sin\theta+\cos\theta$의 값을 구하여라.

08 $\tan\theta=-\frac{4}{3}$일 때, $\frac{5\sin\theta+2}{15\cos\theta-6}$의 값을 구하여라. (단, $\frac{3}{2}\pi<\theta<2\pi$)

09 $0<\theta<\frac{\pi}{2}$이고 $\frac{\sin\theta}{1+\cos\theta}+\frac{1+\cos\theta}{\sin\theta}=5$일 때, $\cos\theta$의 값을 구하여라.

10 다음 식을 간단히 하여라.

$\sin(-\theta)+\cos(90°+\theta)$
$+\sin(180°-\theta)+\cos(\theta-180°)$

11 이차방정식 $4x^2-2x+k=0$의 두 근이 $\sin\theta$, $\cos\theta$일 때, $\text{cosec}^2\theta-\sec^2\theta$의 값을 구하여라. (단, $\cos\theta>\sin\theta$)

12 $0<\theta<\frac{\pi}{4}$일 때, $\sin^2\left(\frac{\pi}{4}+\theta\right)+\sin^2\left(\frac{\pi}{4}-\theta\right)$의 값을 구하여라.

13 $\tan\theta + \cot\theta = 3$일 때, $\sin\theta + \cos\theta$의 값을 구하여라. (단, $0 < \theta < \frac{\pi}{2}$)

14 삼각함수의 덧셈정리를 이용하여 $\sin 105°$의 삼각함수의 값을 구하여라.

15 $\cos x = \frac{4}{5}$일 때 배각 공식을 이용하여 $\cos 2x$의 삼각함수의 값을 구하여라.

16 반각공식을 이용하여 $\tan 22.5°$의 삼각함수의 값을 구하여라.

17 삼각함수의 합성을 이용하여 $\sqrt{3}\sin x+\cos x$를 $\sin$으로 합성하여 나타내어라.

18 곱을 합 차로 고치는 식을 이용하여 다음을 계산하여라.

$$\cos 75^\circ \cos 15^\circ$$

19 합 차를 곱으로 고치는 공식을 이용하여 다음을 곱의 꼴로 나타내어라.

$$\sin 5\theta+\sin\theta$$

20 그림과 같이 반지름의 길이가 9이고 호의 길이가 3π인 부채꼴 모양의 땅에 내접하도록 원 모양의 화단을 만들었다. A지점에서 화단까지의 최단 거리를 구하여라.

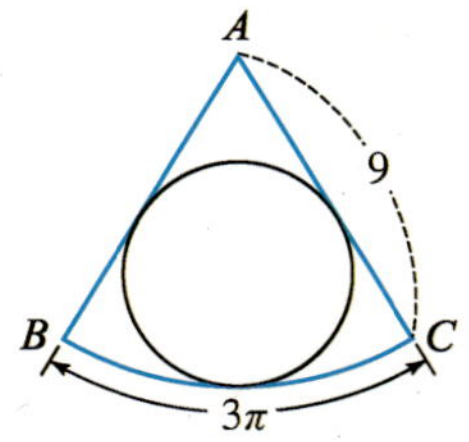

성찰일지

Lesson 09

삼각함수 1

학번 : ____________________

학과 : ____________________

이름 : ____________________

단원 테스트

학번 : ____________________

학과 : ____________________

이름 : ____________________

1. 다음 값을 구하여라.

$\cos 120°$

2. 다음 값을 구하여라.

$\sin\frac{\pi}{3}+\tan\frac{\pi}{6}=$

3. 다음 값을 구하여라.

$\sin 75°$

4. $\sin x=\frac{4}{5}\ \left(0<x<\frac{\pi}{2}\right)$일 때, $\sin 2x$의 값을 구하여라.

5. $\sin 22.5°$의 값을 구하여라.

Lesson 10

삼각함수 2
Trigonometric Function

학습목표

삼각함수 2 단원에서는 앞단원에서 배운 기본적인 내용을 바탕으로 하여 삼각함수의 그래프, 삼각방정식, 삼각부등식 그리고 삼각함수 관련 공식들을 잘 활용할 수 있도록 여러 가지 문제들을 풀어보고 문제 해결능력을 기르는 데 목적이 있다.

“수학적 상상력 없이 일류 지성인이 되기는 사실상 불가능하다.
-로버트 쿡”

“수학적 이론에서도 아름다움을 느낄 수 있지만 설명할 수는 없다.
-아서 케일리”

“수학적 증명은 다이아몬드처럼 투명할 뿐만 아니라 딱딱하고 엄격한 이유로만 다룰 수 있다.
-로케”

“수학적 진리의 거대한 성은 의심 많은 회의론자들의 공격에도 끄덕없고 흔들리지 않는다.
-러셀”

“순수수학의 목표는 인간 지성의 법칙을 밝히는 것이다.
-실베스터”

삼각함수 그래프

1) 사인곡선과 소리

진동하는 소리굽쇠는 음파를 발생시킨다. 이 음파는 공기 속에 파동으로 우리 귀에 전달되는데 계속적으로 이웃한 공기를 움직이게 하고 번갈아 압축한 뒤 각 공기층으로 확대시킨다. 즉 음압의 진동이 시간에 따라 변함을 알 수 있다. 소리굽쇠를 부드럽게 치면 공기의 압력이 시간이 지남에 따라 사인곡선처럼 오르락내리락하면서 순수한 음을 발생시킨다. 이때 사인곡선의 주기 T는 진동수의 역수로 주어진다.

2) 모든 주기곡선은 사인과 코사인의 합성그래프

19세기 초 프랑스의 수학자 푸리에는 모든 주기곡선은 사인과 코사인을 적절히 합성하면 도출할 수 있다고 발표했다. 주기곡선의 진동수는 한 진동수의 정수배인 관계식을 만족하며 평평한 사각곡선을 만들기 위해서는 좀더 많은 사인곡선을 합성해야만 근사치에 가까워짐이 확인되었다.

삼각형을 풀기

삼각형의 세 변과 세 각을 삼각형의 6요소라 한다. 이 중 몇 개의 요소가 주어져 있을 때 다른 요소를 구하는 것을 '삼각형을 푼다'고 한다. 삼각형을 풀 수 있는 경우는 크게 세 가지이다. 첫째 세 변의 길이가 주어진 경우 제2 코사인 법칙에 의해 어느 한 각의 cos값을 구해내어 sin값을 도출하게 되면 사인 법칙에 의해 나머지 각도를 구해낼 수 있다. 둘째로 한 변과 두 각이 주어진 경우 삼각형의 세 내각의 합이 180°라는 사실에 의해 나머지 각을 찾아내면 역시 사인 법칙에 의해 나머지 두 변의 길이를 찾아낼 수 있다. 셋째 두 변과 한 각이 주어진 경우, 그 각이 사이각이면 제2 코사인 법칙을 통해 대변의 길이를 구해낸 후 이어 나머지 두 변을 사인법칙에 따라 찾아내고 주어진 각이 주어진 두 변의 사이각이 아닌 경우 삼각형은 복수로 결정된다.

미적 체험을 활용한 스토리텔링 수학

다빈치의 모나리자 (프랑스 루브르 박물관)

예술적 호기심

1. 모나리자의 얼굴의 특징에 대해서 알아보자.
2. 이 그림의 재료는 무엇인가?
3. 모나리자가 상복을 입고 있는 이유를 설명해보자.
4. 이 그림의 구도에 대해서 이야기해보자.
5. 색채에 대해서 느낀 점을 이야기해보자.

수학적 호기심

6. 모나리자의 여러 가지 길이들을 측정해보자.
7. 다른 모나리자 그림들에서도 그 길이의 비가 일정한가?
8. 그림 속의 황금비를 찾아보자.
9. 보는 위치에 따라 눈이 따라오는 이유는 무엇일까?
10. 그림 속의 수학적 내용을 찾아 이야기해보자.

논리추론 문제

옮길 수 있는 사과의 최대 개수는?

상황

A부터 B까지의 거리가 1,000킬로미터이다. 한 사람이 사과를 옮기려고 하는데 한 사람은 1,000개의 사과밖에는 들지 못한다. 그리고 그 사람은 1킬로미터를 갈 때마다 사과 1개를 먹어야 한다. 전체 사과의 개수는 3,000개이고 사람은 오직 혼자뿐이다. A에서 B까지의 길은 비탈길이 아닌 평평한 길이며 사과를 굴리거나 던질 수 없고 굶을 수도 없다.

문제

자 여기서 문제. 이 사람이 A에서 B까지 옮길 수 있는 사과는 최대 몇 개일까?

삼각함수

[공의 경제학] 볼빅 황인홍 고문 "삼각함수 알아야 골프공 만들지"

구기종목 중 가장 멀리 날아가는 공은 골프공이다. 남자 프로골퍼 기준 약 300야드로, 야구에서 홈런 타구의 3배 가까운 비거리다. 거기에는 몇 가지 비밀이 있다.

우선 작고 탄성이 좋은 것이 첫 번째 이유다. 그러나 골프공 표면의 딤플(분화구 형태의 홈)이 없다면 300야드 비거리는 불가능하다. 공기 저항을 줄여 적정 탄도를 유지시켜 주는 딤플은 어떤 골프공이라도 반드시 존재한다. 그러나 골프공 딤플 모양이나 형태가 전부 같다고 생각하면 오산이다. 브랜드, 모델에 따라 딤플 구조와 모양은 천차만별이다.

그 의문을 풀기 위해 방문한 곳이 국산 골프공 제조업체 볼빅의 충북 음성공장이다. 2000년대 초반부터 음성공장의 터를 닦아 왔다는 황인홍 고문은 국내에 몇 안 되는 골프공 디자인 전문가다. 골프공에 무슨 디자인이냐고 반문할 사람도 있겠지만, 작은 골프공은 첨단과학의 집약체라 해도 과언이 아니다. 골프공 내부의 코어 배합과 표면의 분할구조를 연구 · 개발하는 데만 최소 6개월, 하나의 모델이 탄생하기까지는 1년 6개월 정도의 시간이 필요하다.

연구 · 개발에 필요한 돈은 수십억 원이다. 골프공의 분할구조란 골프공 표면의 규칙적 딤플 구조를 말한다. 황인홍 고문은 "같은 골프공 표면의 딤플이라도 크기와 모양은 전부 다르다. 그러나 그 불규칙 속에 규칙이 있어 완벽한 분할구조가 이뤄지지 않으면 슬라이스가 나거나 왼쪽으로 감기는 훅성 구질이 발생한다. 실전에서는 사용할 수 없는 공이다"고 설명했다.

문제는 골프공 개발 업무를 기피하는 사람이 많다는 점이다. 황 고문은 "삼각함수가 기본이 되는 업무다 보니 처음부터 질색하는 젊은이들이 많다. 게다가 최소 10년은 해야 분할구조를 정확하게 이해할 수 있다. 그때까지 참고 견디는 사람이 거의 없는 게 현실이다"고 말했다. 황 고문은 또 "성질이 급한 사람은 하기 힘든 일이다. 빨리 해결하려는 생각은 금물이다. 실패에 실패를 거듭하면서 하나의 공이 완성된다. 수학 문제를 풀어가듯 기초부터 차근차근 만들어간다는 생각으로 해야만 좋은 공이 완성된다"고 조언했다.

–이투데이–

삼각함수의 그래프

1 $\sin x$ 그래프

(1) $y=\sin x$의 그래프

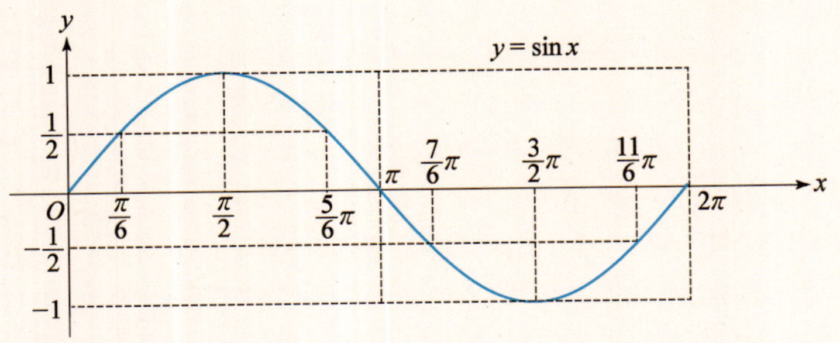

(2) $y=\sin x$의 성질

1) **정의역** : 모든 실수

2) **치역** : $\{y \mid -1 \le y \le 1\}$

3) **주기** : $2\pi(=360°)$

4) **대칭성** : 원점에 대하여 대칭(기함수)

(3) 최댓값, 최솟값, 주기

1) $y=a\sin bx$**의 꼴**

$y=\sin x$의 그래프를 y축의 방향으로 $|a|$배 확대, x축의 방향으로 $\left|\frac{1}{b}\right|$배 축소한 것이다.

① **최댓값** : $|a|$

② **최솟값** : $-|a|$

③ **주기** : $\frac{2\pi}{|b|}$

개념문제

※ 다음 함수의 주기, 치역을 구하여라.

1 $y=\frac{1}{2}\sin x$

2 $y=5\sin 2x$

3 $y=2\sin\frac{x}{3}$

4 $y=3\sin\frac{x}{4}$

※ 다음 함수의 그래프를 그려라.

5 $y=2\sin x$

6 $y=\sin 2x$

7 $y=\sin\frac{x}{2}$

해답

1 주기 : 2π, 치역 : $\left\{y \,\middle|\, -\frac{1}{2} \le y \le \frac{1}{2}\right\}$
2 주기 : π, 치역 : $\{y \mid -5 \le y \le 5\}$
3 주기 : 6π, 치역 : $\{y \mid -2 \le y \le 2\}$
4 주기 : 8π, 치역 : $\{y \mid -3 \le y \le 3\}$
5 생략 6 생략 7 생략

2) $y=a\sin(bx+c)+d$**의 꼴**

$y=a\sin bx$(또는 $y=a\cos bx$)의 그래프를 x축 방향으로 $-\dfrac{c}{b}$만큼, y축의 방향으로 d만큼 평행이동한 그래프이다.

① **최댓값** : $|a|+d$

② **최솟값** : $-|a|+c$

③ **주기** : $\dfrac{2\pi}{|b|}$

2 $\cos x$ 그래프

(1) $y=\cos x$의 그래프

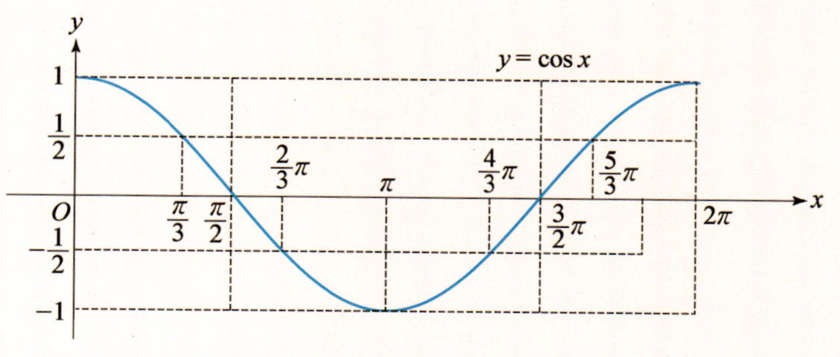

(2) $y=\cos x$의 성질

1) **정의역** : 모든 실수

2) **치역** : $\{y|-1\le y\le 1\}$

3) **주기** : $2\pi(=360°)$

4) **대칭성** : y축에 대하여 대칭(우함수)

> **그리스의 궤변학파**
>
> 기원전 5세기경에 그리스에서는 궤변학파가 존재하였다. 그들은 해괴망측한 주장을 하였는데 그것은 바로 날아가고 있는 화살은 실은 정지한 것이라는 것이었다. 지금 날아가는 화살이 있고 그 도착 지점이 A라고 하자. 이 화살은 A에 도착하기 전의 점인 B를 지나지 않으면 안 되고 또 B를 지나기 전의 점인 C를 지나지 않으면 안 되고 이런 식으로 따지다 보면 선은 점들로 구성되어 있기 때문에 날아가는 화살은 어느 한 점에 정지하고 있다는 것이다. 이런 문제는 17세기에 미분이 등장하기 전까지 해결되지 못했다고 한다.

개념문제

※ 다음 함수의 주기와 치역을 구하여라.

8 $y=\dfrac{1}{3}\cos x$

9 $y=4\cos 3x$

10 $y=\cos\dfrac{x}{3}$

11 $y=2\cos\dfrac{x}{4}$

※ 다음 함수의 그래프를 그려라.

12 $y=2\cos x$

13 $y=\cos 3x$

14 $y=\dfrac{1}{2}\cos 2x$

해답

8 주기 : 2π, 치역 : $\left\{y\,\middle|\,-\dfrac{1}{3}\le y\le\dfrac{1}{3}\right\}$

9 주기 : $\dfrac{2\pi}{3}$, 치역 : $\{y|-4\le y\le 4\}$

10 주기 : 6π, 치역 : $\{y|-1\le y\le 1\}$

11 주기 : 8π, 치역 : $\{y|-2\le y\le 2\}$

12 생략 13 생략 14 생략

3 $\tan x$ 그래프

(1) $y=\tan x$의 그래프

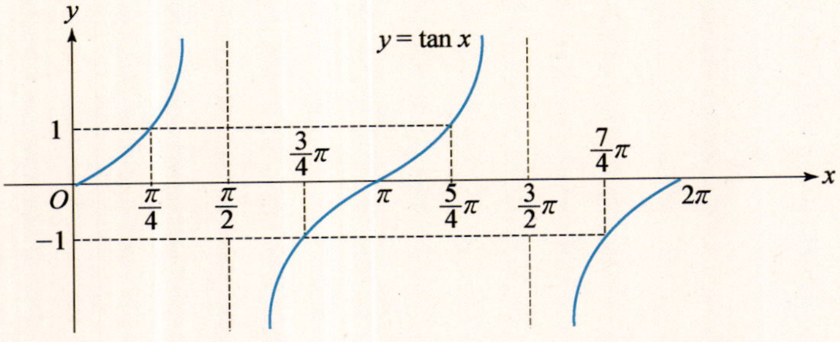

(2) $y=\tan x$의 성질

1) **정의역** : $x \neq 2n\pi + \frac{\pi}{2}$인 정수

2) **치역** : y는 모든 실수

3) **주기** : $\pi(=180°)$

4) **대칭성** : 원점에 대하여 대칭(기함수)

(3) 최댓값, 최솟값, 주기

- $y=a\tan(bx+c)+d$**의 꼴**

  $y=a\tan bx$의 그래프를 x축 방향으로 $-\frac{c}{b}$만큼, y축의 방향으로 d만큼 평행이동한 그래프이다.

  ① **최댓값, 최솟값** : 없다

  ② **주기** : $\frac{2\pi}{|b|}$

  ③ **점근선의 방정식** : $x=\frac{n}{b}\pi+\frac{\pi}{2b}-\frac{c}{b}$($n$은 정수)

4 삼각방정식 $\sin x=a$의 해법

(1) a값의 양, 음에 관계없이 $\sin\theta=a$가 되는 θ를 찾는다.

(2) a가 양인 경우 : 제 1, 2사분면,
a가 음인 경우 : 제 3, 4사분면 θ를 찾는다.

개념문제

※ 다음 함수의 주기를 구하여라.

15 $y=\frac{1}{2}\tan x$

16 $y=\tan\frac{x}{3}$

※ 다음 함수의 그래프를 그려라.

17 $y=2\tan x$

18 $y=\tan 2x$

19 $y=\tan\frac{x}{2}$

해답

15 주기 : π 16 주기 : 3π
17 생략 18 생략
19 생략

(3) 제 1사분면 θ : θ,　　　　제 2사분면 θ : $\pi-\theta$,

제 3사분면 θ : $\pi+\theta$,　　　　제 4사분면 θ : $2\pi-\theta$

5 $\cos x = a$, $\tan x = a$의 해

$\sin x = a$의 해와 마찬가지 방법으로 θ를 찾은 다음

(1) $\cos x = a$의 해

a가 양인 경우 제 1, 4사분면, a가 음인 경우 : 제 2, 3사분면 θ를 찾는다.

(2) $\tan x = a$의 해

a가 양인 경우 제 1, 3사분면, a가 음인 경우 : 제 2, 4사분면 θ를 찾는다.

6 삼각부등식의 해법

먼저 부등호를 등호로 바꾼 방정식을 푼 후에 그래프를 이용하여 그 부등식을 만족시키는 영역을 구한다.

7 사인법칙

$\triangle ABC$에서 그 외접원의 반지름을 R라 하면, 다음의 등식이 성립한다.

$$\frac{a}{\sin A}=\frac{b}{\sin B}=\frac{c}{\sin C}=2R$$

단, 다음 그림에서 점 O는 외접원의 중심이다.

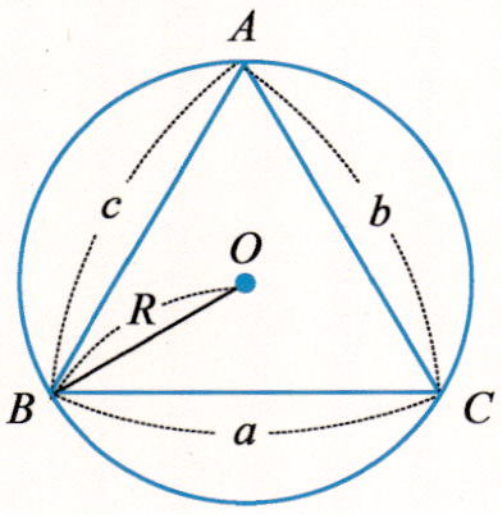

개념문제

※ 다음 삼각방정식을 풀어라. (단, $0 \le x < 2\pi$)

20 $\sin x = -\frac{1}{2}$

21 $\cos x = \frac{\sqrt{3}}{2}$

22 $\tan x = -\frac{\sqrt{3}}{3}$

※ 다음 삼각부등식을 풀어라. (단, $0 \le x < 2\pi$)

23 $2\sin x < -\sqrt{2}$

24 $-\frac{1}{2} \le \cos x \le \frac{\sqrt{3}}{2}$

25 $\sqrt{3}\tan x - 1 \le 0$

해답

20 $x=\frac{7\pi}{6}, \frac{11\pi}{6}$

21 $x=\frac{\pi}{6}, \frac{11\pi}{6}$

22 $x=\frac{5\pi}{6}, \frac{11\pi}{6}$

23 $\frac{5\pi}{4}<x<\frac{7\pi}{4}$

24 $\frac{\pi}{6}\le x \le \frac{2\pi}{3}, \frac{4\pi}{3} \le x \le \frac{11\pi}{6}$

25 $0 \le x \le \frac{\pi}{6}, \frac{\pi}{2}<x\le\frac{7\pi}{6}, \frac{3\pi}{2}<x<2\pi$

8 제 1코사인법칙

$\triangle ABC$에서 다음 등식이 성립한다.

$$a = b\cos C + c\cos B$$
$$b = c\cos A + a\cos C$$
$$c = a\cos B + b\cos A$$

9 제 2코사인법칙

$\triangle ABC$에서 다음 등식이 성립한다.

$$a^2 = b^2 + c^2 - 2bc\cos A$$
$$b^2 = c^2 + a^2 - 2ca\cos B$$
$$c^2 = a^2 + b^2 - 2ab\cos C$$

10 삼각형의 넓이의 기본 공식

(1) 밑변의 길이가 a이고 높이가 h인 삼각형의 넓이

$$S = \frac{1}{2}ah \qquad \cdots\cdots①$$

(2) $\sin B = \dfrac{h}{c}$이므로 $h = c\sin B$

위 식을 ①에 대입하면

$$S = \frac{1}{2}ac\sin B$$

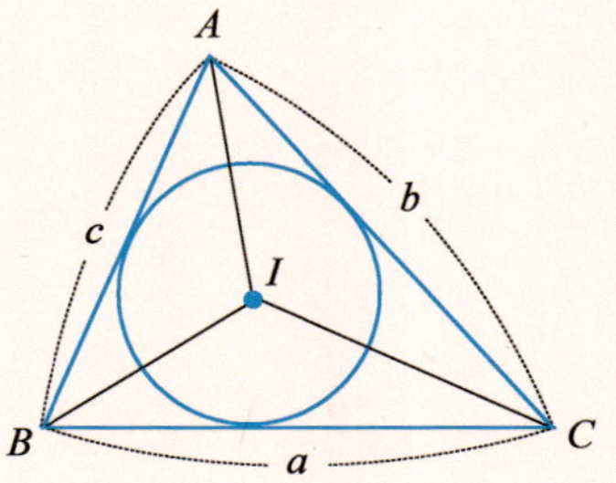

같은 방법으로

$$S = \frac{1}{2}ab\sin C$$
$$S = \frac{1}{2}bc\sin A \qquad \cdots\cdots②$$

(3) 사인법칙에서 $\dfrac{a}{\sin}A = 2R$이므로 $\sin A = \dfrac{a}{2}R$이다. 이 식을 ②에 대입하면

$$S = \frac{abc}{4R} \qquad \cdots\cdots③$$

$a = 2R\sin A,\ b = 2R\sin B,\ c = 2R\sin C$이므로

$$S = 2R^2\sin A\sin B\sin C$$

개념문제

26 $\triangle ABC$에서 $A = 45°,\ B = 60°,\ c = 10,\ b = 12$일 때, c의 값을 구하여라.

27 $\triangle ABC$에서 $\overline{AB} = \sqrt{2},\ \overline{BC} = \sqrt{5},\ \overline{CA} = \sqrt{7}$일 때, $\cos A$의 값은?

28 $\triangle ABC$에서 $\overline{AB} = 3,\ \overline{BC} = 4,\ \angle B = 60°$일 때, $\triangle ABC$의 넓이는?

해답

26 $6\sqrt{2}+5$ 27 $\dfrac{\sqrt{14}}{7}$

28 $3\sqrt{3}$

(4) 세 변의 길이가 a, b, c인 삼각형 ABC에서 내접원의 반지름의 길이가 r라고 하면

$$S=\frac{1}{2}r(a+b+c) \qquad \cdots\cdots ④$$

(5) 삼각형의 세 꼭짓점의 좌표가 $A(x_1, y_1)$, $B(x_2, y_2)$, $C(x_3, y_3)$일 때

$$S=\frac{1}{2}|(x_1y_2+x_2y_3+x_3y_1)-(x_2y_1+x_3y_2+x_1y_3)|$$

11 사각형 넓이의 기본 공식

(1) 평행사변형의 넓이

이웃하는 두 변의 길이가 각각 a, b이고 사이의 각이 θ일 때,

$$S=ab\sin\theta$$

(2) 사각형의 넓이

두 대각선의 길이가 각각 a이고 사이의 각의 크기가 θ일 때,

$$S=\frac{1}{2}ab\sin\theta$$

(3) 기타 여러 가지 넓이

1) $S=\dfrac{abc}{4R}$ (**R는 외접원의 반지름**)

2) **헤론의 공식**

$$S=\sqrt{s(s-a)(s-b)(s-c)} \quad \left(\text{단, } s=\frac{a+b+c}{2}\right)$$

3) **삼각형의 넓이와 내, 외접원의 반지름과의 관계**

내접원의 반지름의 길이를 r, 외접원의 반지름의 길이를 R라 하면

$$S=\frac{1}{2}r(a+b+c)=\frac{abc}{4R}$$
$$=2R^2\sin A\sin B\sin C$$

개념문제

29 $\triangle ABC$의 세 변의 길이의 합이 24이고 내접원의 반지름의 길이가 2일 때, $\triangle ABC$의 넓이는?

30 $\triangle ABC$의 세 변의 길이가 5, 6, 7일 때, $\triangle ABC$의 넓이는?

해답	
29 24	30 $6\sqrt{6}$

수학 토론 및 팀 활동

① 삼각함수의 그래프에 대한 이해!

삼각함수의 그래프 중 $\sin x$ 함수와 $\cos x$ 함수의 그래프는 아래 그림과 같이 유사하다.

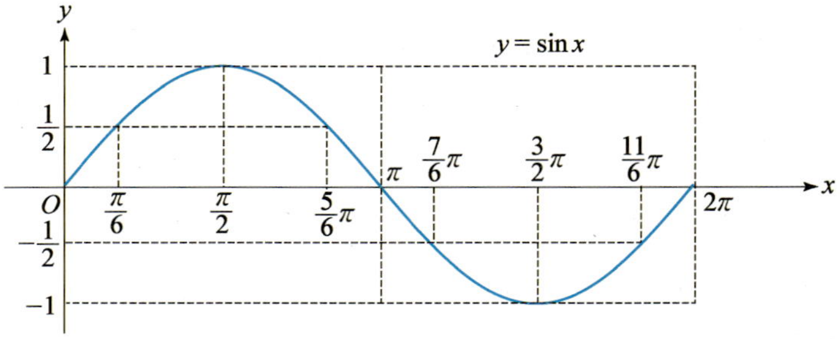

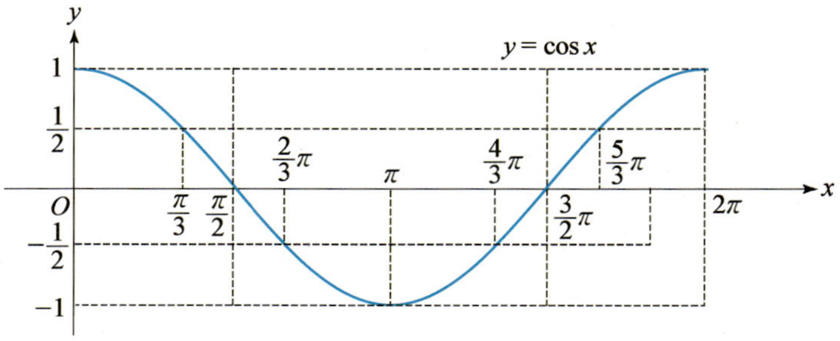

즉 시점의 값이 다를 뿐 최대 최소 주기가 모두 같다. 그 말은 하나의 함수를 평행이동이나 대칭이동을 시키면 다른 함수가 될 수 있다는 것을 의미한다.

활동 1 $\sin x$ 함수를 평행이동이나 대칭이동 등을 통해서 $\cos x$ 함수로 표현해보자.

활동 2 $\cos x$ 함수를 평행이동이나 대칭이동 등을 통해서 $\sin x$ 함수로 표현해보자.

활동 3 $\sin x$ 함수와 $\cos x$ 함수의 공통점과 차이점을 찾아보고 조별로 발표해보자.

② 삼각함수의 법칙들을 증명하여라.

삼각함수에는 여러 가지 법칙이 있다. 사인법칙부터 시작하여 제 1코사인법칙, 제 2코사인법칙, 헤론의 공식 등이 있다.

1. 사인법칙

$$\frac{a}{\sin A}=\frac{b}{\sin B}=\frac{c}{\sin C}=2R$$

2. 제 1코사인법칙

$\triangle ABC$에서 다음 등식이 성립한다.

$$a=b\cos C+c\cos B$$
$$b=c\cos A+a\cos C$$
$$c=a\cos B+b\cos A$$

3. 제 2코사인법칙

$\triangle ABC$에서 다음 등식이 성립한다.

$$a^2=b^2+c^2-2bc\cos A$$
$$b^2=c^2+a^2-2ca\cos B$$
$$c^2=a^2+b^2-2ab\cos C$$

활동 이 법칙의 증명을 검색하여 보고 그 증명을 조별로 발표해보자.

위대한
수학자

드모르간

영국의 수학자 · 논리학자 · 서지학자. 근대적인 대수학 개척자의 한 사람으로 알려져 있고, 특히 논리학적 측면을 개척하여 선각자로서의 역할을 하였으며, 확률론에도 공헌하였다.

인도 마두라 출생. 어릴 때 아버지를 여의고 편모슬하에서 자랐다. 케임브리지 대학을 졸업하고, 1828년 22세의 나이로 신설된 런던 대학 수학 교수에 취임, 명강의로 이름을 떨쳤다. 1866년 교수직을 사임하고 스스로 수학협회를 창설, 초대 회장이 되었다.

수학자로서는 연구 주제를 엄밀한 기초 위에 둘 것을 강조하였고, 특히 집합연산의 기초적 법칙을 발견했는데 이 법칙은 그의 이름을 따서 '드모르간의 법칙'이라 한다.

1838년에는 '수학적 귀납법'이라는 개념을 도입하여 경험과학과 수학적 증명에서의 귀납법의 차이점을 강조하였다. 기지(機智)가 뛰어난 능변가이자 문장가로서도 유명하여 철학자 W. 해밀턴과의 논쟁은 당시 큰 화제가 되었다고 한다.

이와 같이 그는 수학 · 수학사상의 보급에 기여하였고, 산술 · 초등대수 · 유클리드기하학 등을 계몽하기 위하여 알기 쉬운 해설로 책을 저술하여 수학교육 혁신에 이바지하였다. 주요저서로는 《산술원론(算術原論)》(1831), 《대수원론(代數原論)》(1835), 《대수학의 기초에 관하여》(1841, 1847) 등이 있다.

–네이버 지식백과, 두산백과–

연습문제

Lesson

10

삼각함수 2

학 과	
학 번	
이 름	
제출일	

01 삼각함수 $y=2\cos(\pi x-\pi)-2$의 그래프는 $y=2\cos\pi x$를 x축의 방향으로 m만큼, y축의 방향으로 n만큼 평행 이동한 것이다. 이때, 상수 m, n의 합 $m+n$의 값을 구하여라. (단, $0<m<3$)

02 함수 $y=a\cos bx+c$의 최댓값은 5, 최솟값은 -3이고, 주기는 4π이다. 이때, 상수 a, b, c에 대하여 abc의 값을 구하여라. (단, $a>0$, $b>0$)

03 다음 그림은 함수 $y=a\cos bx+c$의 그래프이다. 이때, a, b, c의 값을 구하여라. (단, $a>0$, $b>0$)

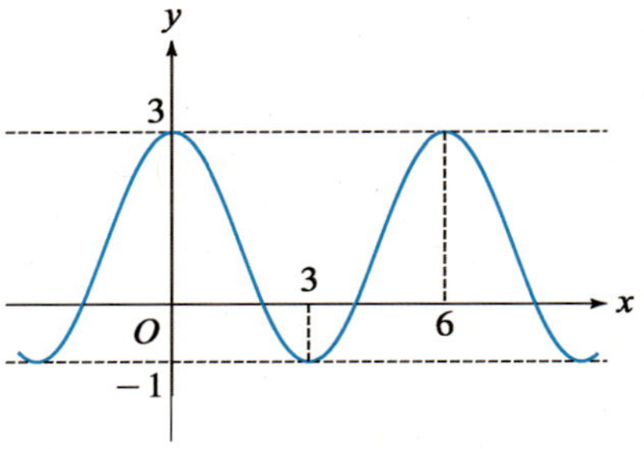

04 함수 $y=a\sin(bx-c)$의 그래프가 그림과 같을 때, 상수 a, b, c 의 곱 abc의 값을 구하여라.
(단, $a>0$, $b>0$, $0<c<\pi$)

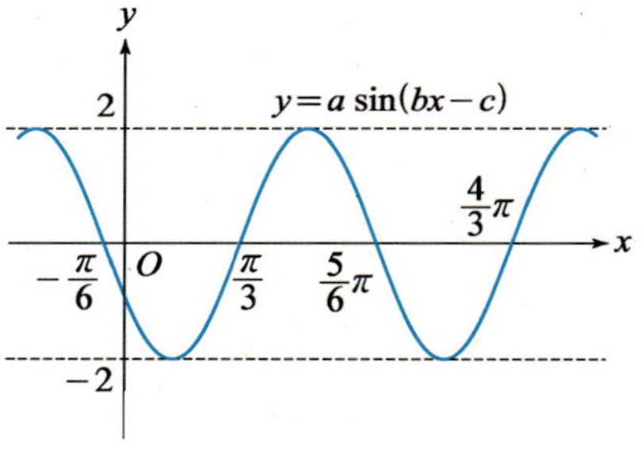

05 다음 함수의 최댓값, 최솟값, 주기를 각각 구하여라.

$$y = |3\sin 2x|$$

07 다음 삼각방정식을 풀어라.

$$\cos x = \frac{\sqrt{3}}{2} \ (\text{단, } 0 \le x < 2\pi)$$

06 다음 함수의 최댓값, 최솟값, 주기를 각각 구하여라.

$$y = 2\sin 2x - 1$$

08 다음 삼각방정식을 풀어라.

$$2\sin\left(2x + \frac{\pi}{6}\right) = \sqrt{3} \ (\text{단, } 0 \le x < 2\pi)$$

09 다음 삼각방정식을 풀어라.

$$2\sin^2 x - \sin x - 1 = 0 \ (단,\ 0 \le x < 2\pi)$$

10 다음 삼각방정식을 풀어라.

$$2\sin^2 x + 3\cos x = 0 \ (단,\ 0 \le x < 2\pi)$$

11 다음 삼각부등식을 풀어라.

$$\sin x < -\frac{\sqrt{3}}{2} \ (단,\ 0 \le x < 2\pi)$$

12 다음 삼각부등식을 풀어라.

$$2\sin^2 x - 5\sin x + 2 \le 0 \ (단,\ 0 \le x < 2\pi)$$

13 다음 삼각부등식을 풀어라.

$$2\sin^2 x + 3\cos x - 3 \geq 0 \ (\text{단, } 0 \leq x < 2\pi)$$

14 $0 \leq x \leq 2\pi$에서 부등식 $2\sin^2 x + 5\cos x < 4$의 해가 $\alpha < x < \beta$일 때, $\alpha + \beta$의 값을 구하여라.

15 함수 $y = \cos^2 x + 2\sin x$의 최댓값을 M, 최솟값을 m이라 할 때, $M + m$의 값을 구하여라.

16 세 변의 길이가 각각 $a = 13$, $b = 14$, $c = 15$인 삼각형 ABC에 대하여 삼각형의 넓이를 구하여라.

17 다음 조건을 만족하는 삼각형 ABC의 넓이를 구하여라.

$$b=6,\ c=4,\ \angle A=120°$$

18 다음 그림에서 △ABC에서 $\overline{AB}=\sqrt{3}$, $\overline{AC}=\sqrt{2}$, $\angle B=45°$, $\angle C=60°$일 때, $\overline{BC}$의 길이는?

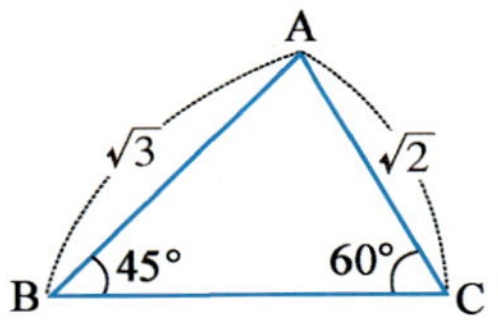

19 다음 그림의 △ABC에서 $\overline{AB}=7$, $\overline{BC}=3$, $\overline{CA}=5$일 때, $\angle C$의 크기는?

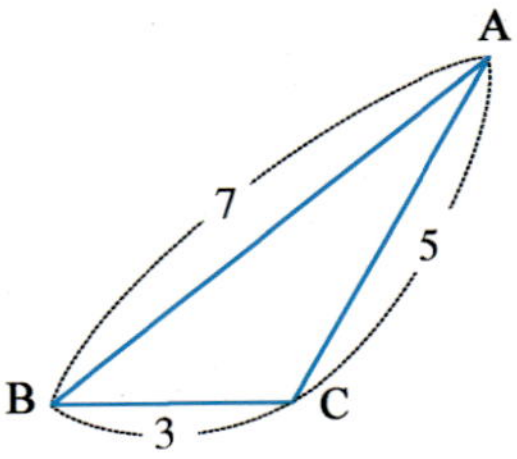

20 다음 그림의 △ABC에서 $\overline{AB}=7$, $\overline{AC}=8$, $\angle A=120°$일 때, $\overline{BC}$의 값을 구하여라.

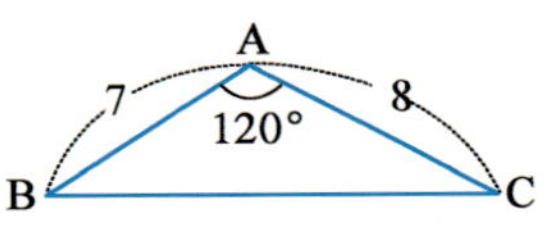

성찰일지

Lesson 10

삼각함수 2

학번 : ______________________

학과 : ______________________

이름 : ______________________

단원 테스트

학번 : ______________________

학과 : ______________________

이름 : ______________________

1. 다음 함수의 최대, 최소와 주기를 구하여라.

$y = \frac{1}{3}\cos x$

2. 다음 함수의 최대, 최소와 주기를 구하여라.

$y = 3\sin\frac{x}{3}$

3. 다음 삼각방정식을 풀어라. $(0 \le x \le 2\pi)$

$\tan x = \sqrt{3}$

4. 다음 삼각부등식을 풀어라. $(0 \le x \le 2\pi)$

$\cos x \le \frac{1}{2}$

5. $\triangle ABC$에서 변AB의 길이가 $\sqrt{2}$이고 변BC의 길이가 $\sqrt{5}$, 변CA의 길이가 $\sqrt{7}$일 때, $\cos A$의 값은?